Forschung für die Praxis · Band 40

**Berichte aus dem
Forschungsinstitut für Rationalisierung (FIR)
und dem Lehrstuhl und Institut
für Arbeitswissenschaft (IAW)
der Rheinisch-Westfälischen
Technischen Hochschule Aachen**

**Herausgeber:
Univ.-Prof. em. Dr.-Ing. R. Hackstein**

H. Abels

DISKOVER II
Ganzheitliche Bestimmung von Sicherheitsbeständen

Mit 34 Abbildungen

Springer-Verlag
Berlin Heidelberg New York
London Paris Tokyo
Hong Kong Barcelona
Budapest

Dipl.-Ing., Dipl.-Wirt.-Ing. Helmut Abels

Wissenschaftlicher Mitarbeiter im Forschungsinstitut für Rationalisierung an der Rheinisch-Westfälischen Technischen Hochschule Aachen

Univ.-Prof. em. Dr.-Ing. Rolf Hackstein

Bis zu seiner Emeritierung am 30.6.90 Inhaber des Lehrstuhls und Direktor des Instituts für Arbeitswissenschaft, Direktor des Forschungsinstituts für Rationalisierung an der Rheinisch-Westfälischen Technischen Hochschule Aachen

D 82 (Diss. TH Aachen)

Entwicklung eines Verfahrens zur Bestimmung von Sicherheitsbeständen unter Berücksichtigung von Lagerabgangs- und Wiederbeschaffungsschwankungen

ISBN-13:978-3-540-54289-6   e-ISBN-13:978-3-642-84551-2

DOI: 10.1007/978-3-642-84551-2

<u>Vorwort des Herausgebers</u>

Die Mechanisierung und Automatisierung der industriellen Produktion hat in den vergangenen Jahren weiter ständig zugenommen. Begriffe wie "Flexible Fertigungssysteme", "Robotereinsatz" oder "CNC-Maschinen" sind einige Deskriptoren dieser Entwicklung. Mit steigender Komplexität der eingesetzten Anlagen, Maschinen und Verfahren erhöhen sich auch die Anforderungen an die Organisation des Zusammenwirkens von Mensch, Betriebsmittel und Material. Die Beherrschung und Verbesserung dieser Ablauforganisation wird mehr und mehr zum entscheidenden Faktor für einen erfolgreichen Einsatz moderner Produktionstechnologien.

Die Ablauforganisation in den Fabriken der Zukunft wird vom Einsatz der Informationstechnik geprägt sein. Einen der Anwendungsschwerpunkte der Informationstechnik in der Ablauforganisation von Produktionsbetrieben bildet der Einsatz von Informationssystemen für die Planung und Steuerung von Produktionsabläufen einschließlich des Transportes und der Lagerung.

Der Erfolg solcher Informationssysteme ist in besonderem Maße davon abhängig, wie gut es gelingt, bei der Entwicklung und beim Einsatz der Systeme gleichermaßen sowohl die technisch-organisatorischen als auch die humanen (arbeitswissenschaftlichen) Aspekte zu berücksichtigen. Während sich die technologische Entwicklung nämlich auf dem Hardware-Sektor äußerst rasant vollzieht, ist zu beachten, daß zwischen der durch die Hardware gebotenen Möglichkeiten und der durch entsprechende Anwendungen eine immer größere Lücke entsteht, die als "Software-Lücke" bezeichnet wird.

Erfolge beim betrieblichen Einsatz können weiterhin aber auch nur dann erreicht werden, wenn der Mensch die oben genannten Informationssysteme akzeptiert. Das aber gelingt nur, wenn der Mensch die sich ergebenden Veränderungen positiv bewältigen kann. Da bisher zu wenig Beweglichkeit, Einfallsreichtum und Flexibilität bei der Entwicklung neuer Bedingungen für die Gestaltung der Arbeitszeit, des Arbeitsplatzes, des Arbeitskräfteeinsatzes, der Arbeitsorganisation und ähnlichem festzustellen ist, zeigt sich hier eine zweite, immer größer werdende Lücke, die vielfach als "Akzeptanzlücke" bezeichnet wird und die in ihren negativen Auswirkungen der "Software-Lücke" sicherlich nicht nachsteht.

Darüber hinaus ist es heute im Hinblick auf die Wirtschaftlichkeit von Neuen Technologien noch allzu häufig üblich, daß man unter der Forderung nach "geringeren Kosten" vorzugsweise "geringere Produktionskosten" und unter "höherer Leistung" vorzugsweise "höhere menschliche Anstrengungen" versteht. Es erhebt sich aber vor dem Hintergrund der Massenarbeitslosigkeit die Frage, inwieweit man heute Neue Technologien als Ersatz für Alte Technologien vorzugsweise durch Reduzierung der Personalkosten anstreben muß und man höhere Leistung vorzugsweise nur durch Erhöhung der menschlichen Anstrengung erreichen kann.

Industrielle Führungskräfte sollen hingegen wissen, daß gerade die mit dem Begriff des Computers verbundenen Neuen Technologien so gestaltbar sind, daß dem Menschen nicht höhere Anstrengungen zugemutet wird, sondern der Computer die Arbeit des Menschen so unterstützen kann, daß das Leistungsergebnis - und darauf kommt es ja an - verbessert wird. Es ist folglich zu prüfen, welche Neuen Technologien geeignet sind, sowohl die Wirtschaftlichkeit zu steigern, als auch den Personalfreisetzungseffekt zu vermeiden.

Die Arbeiten der beiden vom Herausgeber bis 1990 geleiteten Institute, des Forschungsinstitutes für Rationalisierung (FIR) an der RWTH Aachen und des Lehrstuhls und Institutes für Arbeitswissenschaft (IAW) der RWTH Aachen, sind vor diesem Hintergrund darauf gerichtet, Beiträge zur Schließung der angezeigten Lücken und zur Realisierung der genannten Forderungen zu leisten. Zur Umsetzung gewonnener Erkenntnisse wird die Schriftenreihe "FIR-IAW-Forschung für die Praxis" herausgegeben. Der vorliegende Band setzt diese Reihe fort. Die bisher erschienenen Titel sind am Schluß dieses Bandes aufgeführt.

Dem Verfasser danke ich für die geleistete Arbeit, dem Verlag für die Aufnahme dieser Schriftenreihe in sein Programm und allen anderen Beteiligten für ihren Beitrag zum Gelingen des Bandes.

Rolf Hackstein

Inhaltsverzeichnis

1. Einleitung und Zielsetzung

Steigende Variantenvielfalt, zunehmende Produktkomplexität und abnehmende Produktlebenszeiten gestalten die Bestandsplanung von Rohmaterialien, Halbfabrikaten und Fertigwaren immer schwieriger (vgl. Abbildung 1-1). Gleichzeitig steigen die Forderungen der Kunden nach hoher Lieferbereitschaft bei immer kürzeren Lieferzeiten bis hin zu Just-In-Time-Anlieferungen (vgl. EVERSHEIM u.a. 1987, S. 119).

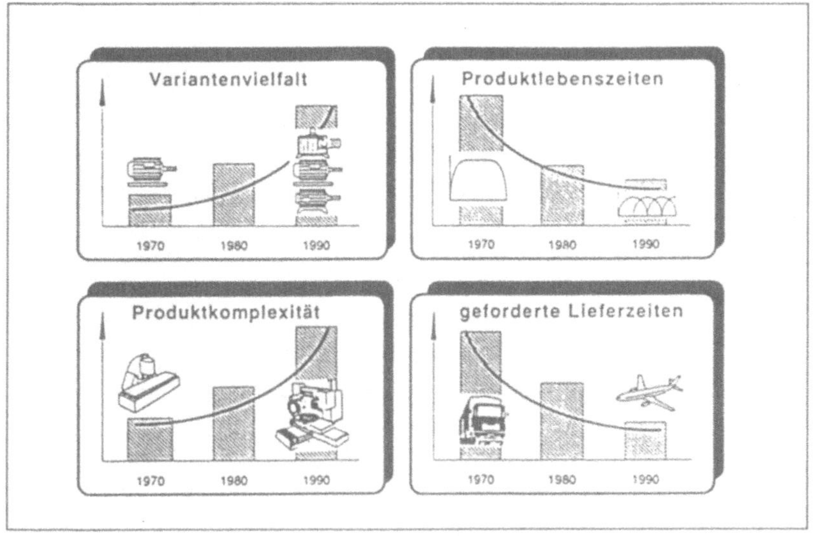

Abb. 1-1:   Einflußgrößen auf die Materialbestandsplanung
(EVERSHEIM u.a. 1987, S. 119)

Hohe Kapitalbindung im Lager, Umsatzausfälle durch Fehlbestände, häufige und kurzfristige Änderungen der Bedarfsmengen und -termine sind nur einige der Folgen, mit denen sich die Unternehmen heute ständig konfrontiert sehen. Zur Sicherstellung einer möglichst hohen Lieferbereitschaft erhöht man daher Lagerbestände und Bestellmengen um entsprechende Sicherheitszuschläge, wobei den Disponenten aufgrund der ihnen zugebilligten Markt- bzw. Produkterfahrung freie Hand gelassen wird.

Die "Erfahrung" der Disponenten reicht bei umfang- und variantenreichen Sortimenten jedoch alleine nicht mehr aus, um alle dispositionsrelevanten Faktoren richtig zu beurteilen. Die Folgen sind Aussagen wie

"350 Milliarden DM binden deutsche Unternehmen heute noch in der Vorratshaltung"

oder

"... die Materialflußkosten betragen derzeit noch zwischen 10 und 30 % der Gesamtkosten",

die die Materialbestände als "Kostenfaktor Nummer eins" in deutschen Unternehmen eindeutig identifizieren (vgl. EVERSHEIM u.a. 1990, S. 42).

Wichtigste Aufgabe der Materialbestandsplanung ist es daher, die Lagerbestände so zu planen, daß die Kapitalbindung so gering wie möglich ist, während gleichzeitig die Lieferbereitschaft gesichert wird (vgl. REFA 1985, S. 124).

Die Lieferbereitschaft sowie die Kapitalbindungskosten hängen dabei in besonderem Maße von der Höhe des Sicherheitsbestandes ab (vgl. HACKSTEIN 1988, S. 130).

Mathematische Modelle, die versuchen, eine Bestimmung des Sicherheitsbestandes unter Berücksichtigung aller Planungsunsicherheiten durchzuführen, sind für den Einsatz im Betrieb häufig zu komplex (vgl. KRAUS 1989, S. 78). In der Praxis kommen daher immer wieder einfache Methoden zur Anwendung, die viele verfügbare Informationen nicht nutzen und dadurch wesentlich an Effektivität verschenken (MARKIEWICZ 1988, S. 5).

Ziel dieser Arbeit ist es nun, ein Verfahren zur praxisorientierten Bestimmung des erforderlichen Sicherheitsbestandes zu entwickeln.

Praxisorientiert soll dabei bedeuten, daß

- das Verfahren einfach und schnell durchzuführen ist,
- alle Unsicherheiten der Materialbestandsplanung, sofern sie nicht sinnvollerweise durch andere Maßnahmen unterbunden werden können, bei der Bestimmung des Sicherheitsbestandes berücksichtigt werden,
- ein zu erzielender Lieferbereitschaftsgrad vorgegeben werden kann und
- das Verfahren in Verbindung mit bereits bestehenden Dispositionsmethoden wie z.B. der bedarfsorientierten Disposition oder einer aus einem Lagerhaltungsmodell abgeleiteten kostenoptimalen Bestellpolitik eingesetzt werden kann.

In Kapitel 2 werden im Hinblick auf diese Zielsetzung zunächst die zu betrachtenden Größen bestimmt und abgegrenzt. Kapitel 3 gibt anschließend einen Überblick über bestehende Lösungsansätze zur Bestimmung der Sicherheitsbestände. Die Entwicklung und Vorstellung des Verfahrens zur Bestimmung des Sicherheitsbestandes erfolgt dann in Kapitel 4. Im Anschluß daran wird in Kapitel 5 die exemplarische Anwendung des Verfahrens in zwei Unternehmen vorgestellt. Abschließend gibt Kapitel 6 nach einer zusammenfassenden Betrachtung einen Ausblick auf noch offene Fragen und mögliche Erweiterungen des Verfahrens.

2. Begriffsbestimmungen und Abgrenzungen

2.1 Sicherheitsbestand

Der Sicherheitsbestand soll bei eventuellen Planungsunsicherheiten die Lieferfähigkeit eines Lagers sicherstellen (vgl. HACKSTEIN 1988, S. 131). JANSEN (1984, S. 249) bezeichnet den Sicherheitsbestand daher auch als "Unsicherheitsbestand", da durch diesen die Unsicherheiten der Bestandsprognosen weitgehend gedeckt werden.

HACKSTEIN unterscheidet drei Formen von Unsicherheiten, die der Sicherheitsbestand abdecken soll:

"1. Unsicherheiten bei der Bedarfsermittlung, also schwankende Verbrauchsmengen,

2. Unsicherheiten bei der Wiederbeschaffung, z.B. Verzögerung bei der Fertigung oder unvorhersehbares Nichteinhalten von Lieferterminen und

3. Unsicherheiten bei der Bestandsermittlung, z.B. Differenzen zwischen dem körperlichen Bestand - der bei einer Inventur festgestellt wird - und dem buchmäßig geführten Bestand, ..." (HACKSTEIN 1988, S. 131).

Die Auswirkungen dieser Unsicherheiten auf den realen Lagerbestand sind in Abbildung 2-1 dargestellt.

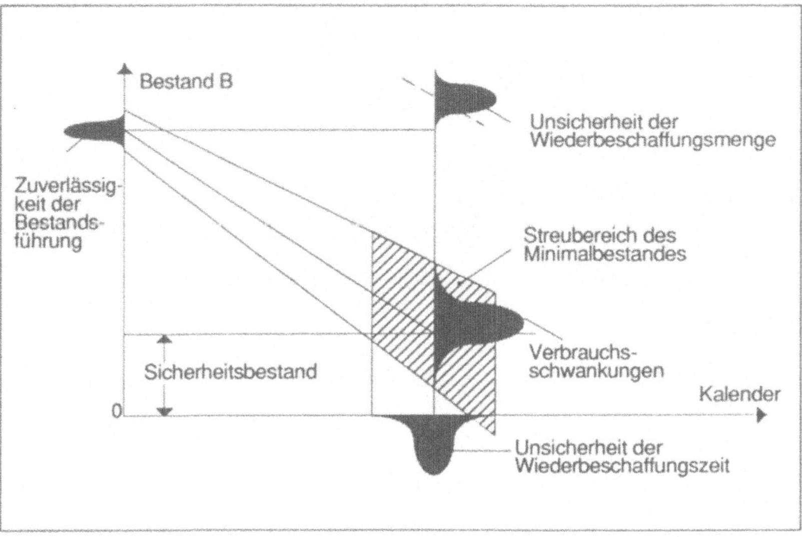

Abb. 2-1:   Planungsunsicherheiten und Sicherheitsbestand (in Anlehnung an HUNZIKER 1964, S. 164)

Zu den Unsicherheiten bei der Bestandsermittlung, deren Ausmaß insbesondere von der Zuverlässigkeit und Qualität der Bestandsführung im eigenen Unternehmen abhängt, zählen vor allem Differenzen zwischen dem tatsächlichen und dem buchmäßig geführten Bestand. Diese Differenzen werden in der vorliegenden Arbeit ausgeklammert, da sie im Gegensatz zu den anderen Unsicherheiten für das eigene Unternehmen kein Zufallsergebnis darstellen, sondern selbst verursacht werden. Hier erscheint es daher sinnvoller, nach den Ursachen dieser Unsicherheiten zu suchen und diese durch geeignete Maßnahmen, wie z.B. die Reorganisation von Materialfluß und Lagerwesen und den Einsatz eines geeigneten Bestandsführungssystems auszuschalten. Die Unsicherheiten bei der Bedarfsermittlung sowie die bei der Wiederbeschaffung werden im Folgenden näher erläutert.

2.2 Unsicherheiten bei der Bedarfsermittlung

Unsicherheiten bei der Bedarfsermittlung treten in der Form auf, daß der tatsächliche Lagerabgang von dem prognostizierten Soll-Verlauf abweicht. Ist der tatsächliche Lagerabgang geringer als der geplante, so bedeutet das keine Gefahr für die Erhaltung der Lieferfähigkeit. Im Gegensatz hierzu führt ein eventuell auftretender erhöhter Lagerabgang zu einer Fehlmenge, die bei einem vorgegebenen Lieferbereitschaftsgrad zu einem gewissen Anteil durch den Sicherheitsbestand abgedeckt werden muß (vgl. Abbildung 2-2).

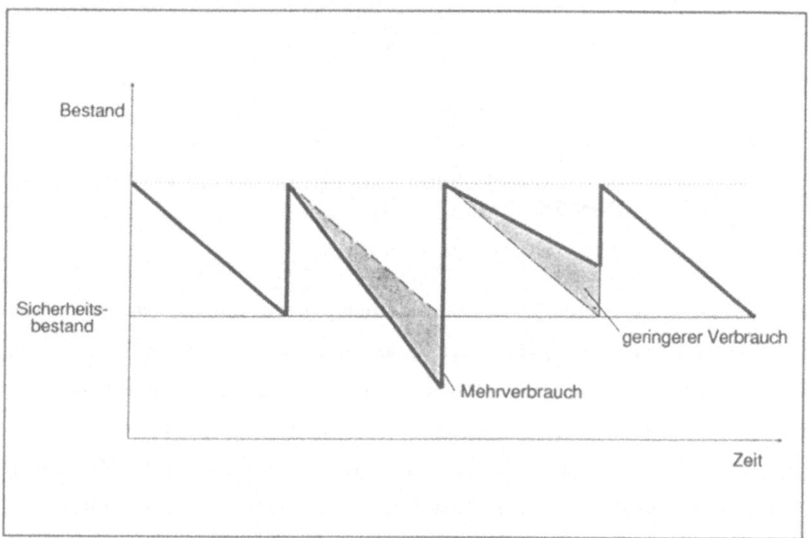

Abb. 2-2:   Schwankungen des Lagerabgangs

2.3 Unsicherheiten bei der Wiederbeschaffung

"Beschaffungen betreffen Mengen, die aufgrund einer Bestellung oder eines Auftrags zur Eigenfertigung an einem bestimmten Termin einem Bestand hinzugefügt werden" (vgl. REFA 1985, S. 142). Auch hier können Schwankungen auftreten, falls der

Lieferant nicht in der Lage ist, eine Bestellung mengen- und termingerecht zu erfüllen. Da diese Wiederbeschaffungsschwankungen nicht vorhersehbar sind, muß der Disponent sie als stochastische Größen in seiner Bestandsplanung berücksichtigen (vgl. SCHNEEWEIß 1981, S. 8).

Im Folgenden werden die Wiederbeschaffungsschwankungen bezogen auf die bestellte Menge als Liefermengenabweichungen sowie Schwankungen bezogen auf den geforderten Termin als Lieferterminabweichungen bezeichnet.

2.3.1 Liefermengenabweichung

Neben dem Idealfall der genauen Einhaltung der bestellten Menge sind zwei Formen der Liefermengenabweichung von der Sollmenge einer Bestellung (Soll-Liefermenge) möglich:

- Die Überlieferung und
- die Unterlieferung (vgl. Abbildung 2-3).

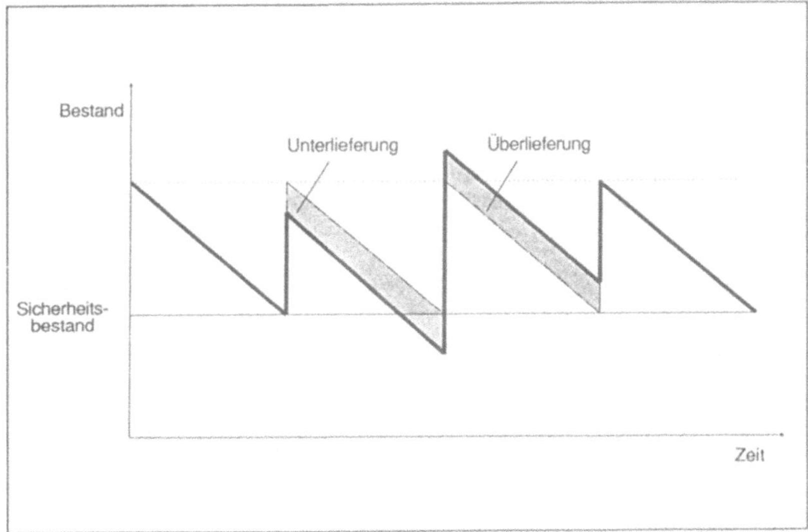

Abb. 2-3: Liefermengenabweichungen

Eine Überlieferung tritt auf, wenn die tatsächliche Liefermenge größer ist als die Soll-Liefermenge. Sie beeinflußt die Lieferfähigkeit des Lagers nicht, führt jedoch zu erhöhten Kapitalbindungs- und Lagerhaltungskosten. Hinzu treten gegebenenfalls noch Kosten für die Verschrottung, falls die einmal aufgebauten Bestände z.B. aufgrund von konstruktiven Änderungen nicht mehr benötigt werden. Die Unterlieferung dagegen führt zu einer Fehlmenge (bzw. Unterdeckung) bei dem erwarteten Lagerabgang. Sie senkt die Lieferfähigkeit gegenüber dem Abnehmer und muß ggfs. durch den Sicherheitsbestand aufgefangen werden.

Die Lieferung einer zu geringen Liefermenge durch den Lieferanten ist dabei nur eine Möglichkeit der Unterlieferung. Liefermengenabweichungen können auch durch Qualitätsmängel der gelieferten Ware entstehen und sind dann ebenso als Unterlieferung zu betrachten (vgl. Abbildung 2-4).

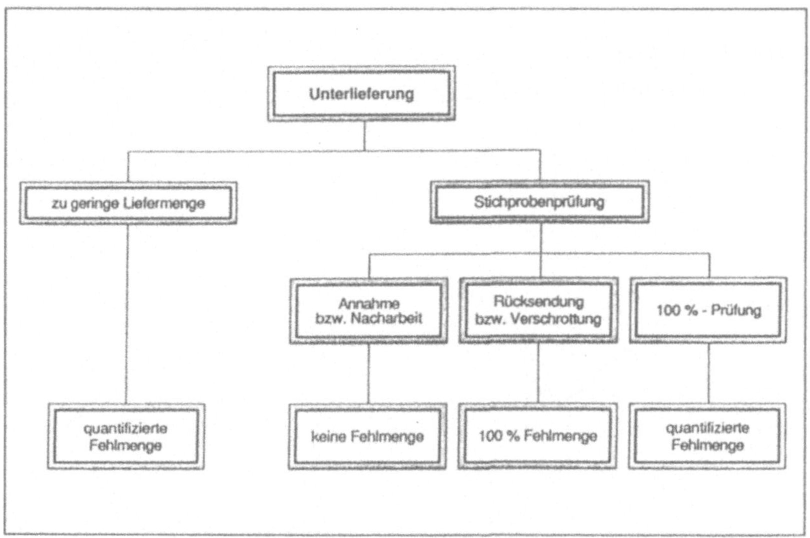

Abb. 2-4:   Mögliche Ursachen einer Unterlieferung

Wird im Wareneingang eine Stichprobenprüfung der gefertigten Mengen bezüglich ihrer Qualität durchgeführt, so bestehen prinzipiell folgende Entscheidungsvarianten (vgl. DGQ 1986, S. 12):

1. Die Annahmebedingung wird erfüllt; die gelieferte Menge wird in voller Höhe angenommen.

2. Die Annahmebedingung wird nicht erfüllt; die gelieferte Ware muß sortiert bzw. nachgearbeitet werden.

3. Die Annahmebedingung wird nicht erfüllt; die gelieferte Menge wird in voller Höhe zurückgesandt.

Während bei der ersten Variante keine Fehlmenge aufgrund von Qualitätsmängeln auftritt, kommt es bei der zweiten Variante zu einer teilweisen Unterlieferung und bei der dritten Variante zu einer Unterlieferung in Höhe der kompletten Liefermenge.

2.3.2 Lieferterminabweichung

Neben Liefermengenabweichungen treten auch Abweichungen des tatsächlichen Liefertermins vom geforderten Soll-Liefertermin auf. Hier unterscheidet man

- die Vorablieferung und
- die Lieferverzögerung.

Entsprechend dem Fall einer Überlieferung beeinflußt die Vorablieferung die Lieferfähigkeit in der Regel nicht. Lieferunfähigkeit kann erst dann entstehen, wenn durch erhebliche vorab gelieferte Mengen die Lagerkapazität so stark beansprucht wird, daß die Entnahme von Material durch herumstehende Lagereinheiten oder durch eine Überlastung der Transport- und Kommissionierhilfsmittel behindert wird.

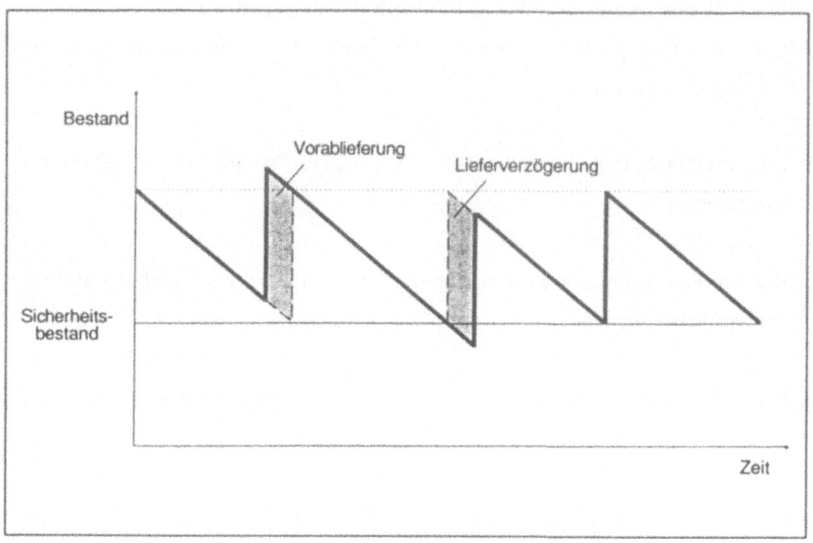

<u>Abb. 2-5:</u>   Lieferterminabweichungen

Eine Lieferverzögerung führt dagegen ebenso wie die Unterlieferung zu einer Fehlmenge. Hier kann nur durch Vorhalten eines entsprechenden Sicherheitsbestandes die Gefahr der Lieferunfähigkeit vermindert werden (vgl. Abbildung 2-5).

2.4   Lieferbereitschaft

Wie in den vorangegangenen Abschnitten aufgezeigt wurde, dient der Sicherheitsbestand dazu, beim Auftreten von unerwartet hohem Lagerabgang, Lieferverzögerungen und/oder Unterlieferungen die weitere Lieferfähigkeit eines Lagers bis zu einem bestimmten Maß zu gewährleisten (vgl. SCHEEL 1987, S. 638). Dieses Maß bezeichnet man auch als die Lieferbereitschaft (vgl. MARKIEWICZ 1988, S. 94).

HACKSTEIN (1988, S. 127) definiert die Lieferbereitschaft mit Hilfe des sogenannten Servicegrades SG:

$$SG = \frac{\textit{Anzahl der voll befriedigten Nachfragen pro Zeitabschnitt}}{\textit{Gesamtzahl der Nachfragen pro Zeitabschnitt}} \, x100$$

Synonym mit dem Begriff Servicegrad benutzt man auch die Begriffe Lieferbereitschaftsgrad oder Verfügbarkeit (vgl. HARTING 1987, S. 36).

Weitere Definitionsmöglichkeiten des Service- oder auch Lieferbereitschaftsgrades findet man bei HARTING (1987, S. 36). Allen Definitionen ist gemeinsam, daß sie die Wahrscheinlichkeit ausdrücken, mit welcher das Lager in der Lage ist, die Nachfragen zu erfüllen.

Den folgenden Ausführungen wird die oben genannte Definition von HACKSTEIN zugrundegelegt, wobei der Begriff "Nachfrage" im Sinne von "Stückzahl" interpretiert wird.

3. Bisherige Ansätze zur Bestimmung eines Sicherheitsbestandes unter Berücksichtigung von Lagerabgangs- und Wiederbeschaffungsschwankungen

Die Ermittlung von Sicherheitsbeständen läßt sich weit zurückverfolgen. EDGEWORTH (1888) und SCHLESINGER (1914) ermittelten zunächst Sicherheitsbestände im Hinblick auf die optimale Kassenhaltung von Banken. EISENHART (1948) entwickelte den gleichen Ansatz dann für die Bestimmung von Sicherheitsbeständen im Rahmen der Lagerhaltung (vgl. HOLZBERG 1980, S. 37).

Eine Reihe der bis heute entwickelten Lösungsansätze beschäftigt sich allein mit der Bestimmung von Sicherheitsbeständen für einen stochastischen Lagerabgang, während alle anderen Größen, insbesondere Liefertermin und Liefermenge, als deterministische Größen betrachtet werden. Wegen der Fülle dieser Lösungsansätze und der für die vorliegende Fragestellung doch gravierenden Einschränkungen wird hierauf nicht näher eingegangen.

Ein umfassender Überblick über diese Ansätze findet sich bereits an mehreren Stellen in der Literatur, z.B. bei WHITHIN (1957), HOCHSTÄDTER (1969), HOLZBERG (1980) und HUHNDORF (1991).

Ebenfalls wird auf eine Darstellung solcher Lösungsansätze verzichtet, deren Entwickler zwar prinzipiell die Existenz von Wiederbeschaffungsschwankungen feststellen, dann aber aus unterschiedlichsten Gründen nicht näher darauf eingehen und ihre Ansätze auf der Basis deterministischer Wiederbeschaffungsgrößen aufbauen.

So berichtet z.B. MARKIEWICZ (1988, S. 111), daß die Schwankungen der Wiederbeschaffungszeit im Ersatzteilwesen nur sehr gering sind und daher vernachlässigt werden können.

KRAUS stellt fest, daß in der Praxis Schwankungen zwar bei den Wiederbeschaffungsgrößen auftreten,die Berücksichtigung von mehr als einer stochastischen Größe (der Lagerabgangsschwankung) aber zu nicht mehr praktikablen Verfahren führt (vgl. KRAUS 1989, S. 78).

HUHNDORF (1991 S. 68 ff) geht ebenfalls von einer stochastischen Wiederbeschaffungszeit aus, die er jedoch unter Berücksichtigung einer statistischen Sicherheit in eine maximal zu berücksichtigende Wiederbeschaffungszeit überführt und diese dann als Eingangsgröße für sein Verfahren nutzt.

Im Ausblick seiner Arbeit deutet HUHNDORF an, daß eine eingehendere Berücksichtigung der Wiederbeschaffungszeit bei der Bestimmung von Sicherheitsbeständen erforderlich sei (vgl. HUHNDORF 1991, S. 89).

Im folgenden wird nun die Betrachtung insbesondere auf solche Lösungsansätze beschränkt, die sowohl einen stochastischen Lagerabgang als auch stochastische Wiederbeschaffungsgrößen berücksichtigen. Abbildung 3-1 gibt einen Überblick über die Autoren solcher Lösungsansätze.

Die Berücksichtigung von Wiederbeschaffungsschwankungen beziehen sich dabei häufig nur auf den Liefertermin, d.h., es handelt sich hierbei um Lieferterminschwankungen. In vielen Ansätzen wird gleichzeitig eine Schwankung des Lagerabgangs während der Wiederbeschaffungszeit unterstellt.

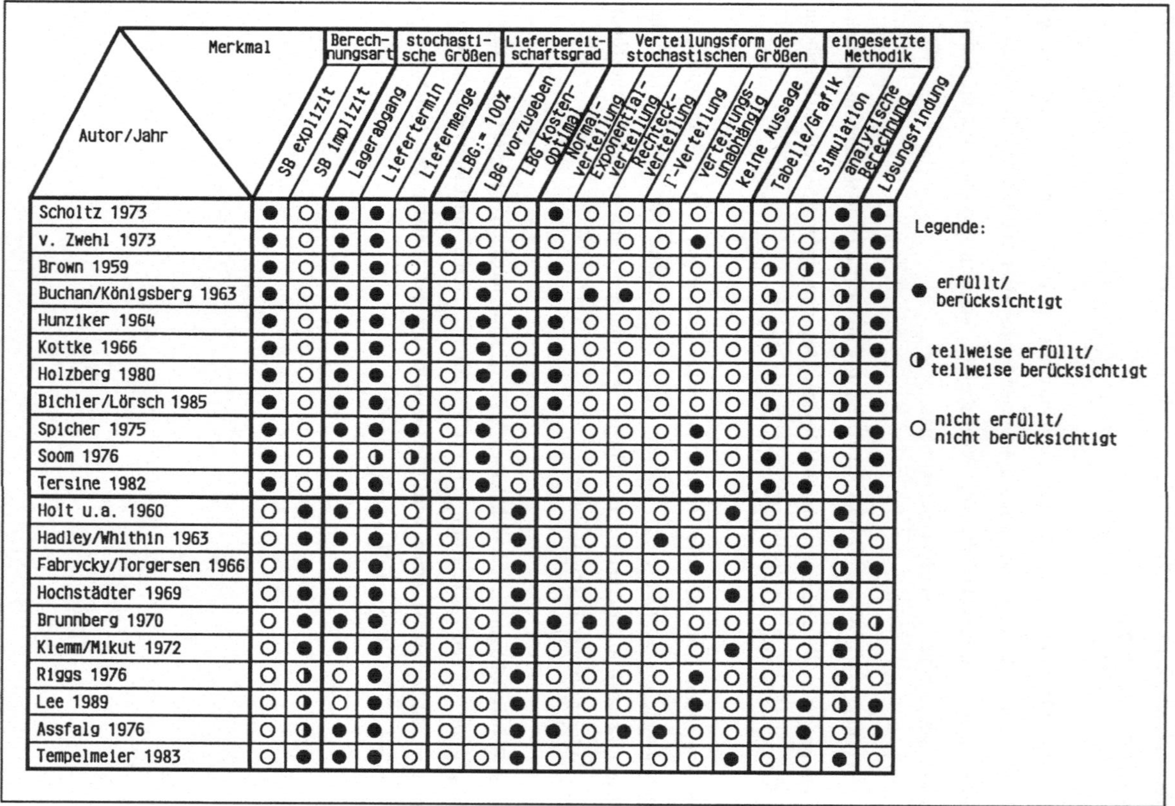

<u>Abb. 3-1:</u> Überblick über Lösungsansätze zur Bestimmung von Sicherheitsbeständen unter Berücksichtigung von stochastischen Lagerabgangs- und Wiederbeschaffungsschwankungen

Die Lösungsansätze können grob in zwei Gruppen unterteilt werden,

- zum einen in diejenigen, die explizit einen Sicherheitsbestand berechnen und

- zum anderen in solche, bei denen ein Sicherheitsbestand bzw. -zuschlag implizit in den Berechnungen berücksichtigt wird.

Im folgenden werden die Lösungsansätze zur Bestimmung des Sicherheitsbestandes unter Berücksichtigung von Lagerabgangs- und Wiederbeschaffungsschwankungen vorgestellt.

3.1 Lösungsansätze zur expliziten Berechnung eines Sicherheitsbestandes

Die Lösungsansätze, die explizit einen Sicherheitsbestand berechnen, lassen sich weiterhin nach dem geforderten Lieferbereitschaftsgrad unterscheiden. Einige Autoren fordern grundsätzlich einen 100%igen Lieferbereitschaftsgrad, während andere Autoren auch geringere Lieferbereitschaftsgrade zulassen. Diese können zum einen vorgegeben werden oder sich zum anderen aus einer Kostenoptimierungsbetrachtung ergeben.

Zur ersten Gruppe, d.h. Berechnung eines Sicherheitsbestandes zur Absicherung eines 100 %igen Lieferbereitschaftsgrades, gehören die Methoden von v. ZWEHL (1973) und SCHOLTZ (1973).

V. ZWEHL (1973, S. 26) geht davon aus, daß die Wiederbeschaffungszeit t_B zwischen einer minimalen und einer maximalen Wiederbeschaffungszeit (t_{Bmin}, t_{Bmax}) schwankt. Diese Werte sind Erfahrungswerte der Vergangenheit.

Weiterhin unterstellt v. ZWEHL, daß die Berechnung des Bestellauslösebestandes den Wert t_{Bmin} zur Grundlage hatte. Damit ergibt sich der Sicherheitsbestand bei variablem Lagerabgang zu:

$$SB = v \cdot x_{kap} \cdot (t_{B_{max}} - t_{B_{min}})$$

mit:

    v : Lagerabgang je Produktionseinheit

    x_{kap} : maximal mögliche Produktionsmenge pro Zeiteinheit

Im Gegensatz zu V. ZWEHL berechnet SCHOLTZ (1973, S. 1263) den Sicherheitsbestand aus der Differenz zwischen Maximal- und Durchschnittswerten von Lagerabgang und Wiederbeschaffungszeit. Er kommt dabei zu folgendem Ergebnis:

$$SB = V_{max} \cdot T_{max} - \overline{V} \cdot \overline{T}$$

mit:

    V_{max} :   maximaler Lagerabgang

    $\overline{V}$:   durchschnittlicher Lagerabgang

    T_{max} :   maximale Wiederbeschaffungszeit

    $\overline{T}$:   durchschnittliche Wiederbeschaffungszeit

Die Werte stehen entweder planmäßig fest oder müssen geschätzt werden.

Die auf die beschriebene Art berechneten Sicherheitsbestände bieten maximale Sicherheit, also einen Lieferbereitschaftsgrad von 100 %. Sie haben jedoch den Nachteil, daß bei der Berücksichtigung von Maximalwerten auch "Ausreißer" in die Rechnung einfließen und sich so ein erheblicher Sicherheitsbestand einstellen kann.

SCHOLTZ ergänzt daher seine Formel durch die Überlegung, daß der "optimale" Sicherheitsbestand dann bestimmt ist, wenn ein Kostenminimum von Lagerhaltungs- und Fehlmengenkosten erreicht wird.

Er schlägt daher vor, den maximalen Sicherheitsbestand schrittweise um eine konstante Anzahl Einheiten zu vermindern. Fallenden Lagerhaltungskosten bzw. steigenden Einsparungen stehen so steigende Fehlmengenkosten gegenüber. Sind die

Einsparungen bei den Lagerhaltungskosten ebenso hoch wie die Fehlmengenkosten, so ist der kostenoptimale Sicherheitsbestand gefunden. Über den Lieferbereitschaftsgrad macht SCHOLTZ in diesem Zusammenhang keine Aussage mehr.

Weitere Autoren, die auch einen geringeren Lieferbereitschaftsgrad zulassen, sind BROWN (1959), BUCHAN/KÖNIGSBERG (1963), HUNZIKER (1964), KOTTKE (1966), HOLZBERG (1980), BICHLER/LÖRSCH (1985). Sie berechnen den Sicherheitsbestand nach der gleichen Formel:

$$SB = t \cdot \sigma$$

mit:

t: Sicherheitsfaktor

σ: Standardabweichung

Abweichungen treten vorwiegend nur in den gewählten Bezeichnungen auf.

Die Standardabweichung bezieht sich dabei meistens auf die Verteilung der Lagerabgänge während der Wiederbeschaffungszeit. Ausnahmen hiervon bilden KOTTKE (1966), der einen Sicherheitsbestand für Lagerabgangs- und Wiederbeschaffungszeitschwankungen getrennt berechnet, und HUNZIKER (1964), bei dem σ die Standardabweichung der Minimalbestände bedeutet. Auf diese Besonderheiten wird daher noch gesondert eingegangen.

Allen gemeinsam ist, daß sie für die betrachtete Verteilung eine Normalverteilung annehmen. Lediglich BUCHAN/KÖNIGSBERG (1963) lassen auch andere Verteilungstypen bei ihren Betrachtungen zu. Da die Ausführungen von BUCHAN/KÖNIGSBERG insgesamt am ausführlichsten sind, werden sie hier stellvertretend für diese Gruppe dargestellt.

18

BUCHAN/KÖNIGSBERG (1963, S. 355) definieren den Sicherheitsbestand wie folgt:

$$SB = t_I \cdot \sigma_L$$

mit:

t_I: Sicherheitsfaktor

σ_L: Standardabweichung des Lagerabgangs während einer stochastisch verteilten Wiederbeschaffungszeit

Sie geben die Monte-Carlo-Simulation als eine Möglichkeit an, um sowohl Erwartungswert als auch Standardabweichung einer stochastischen Lagerabgangsverteilung während einer stochastischen Wiederbeschaffungszeit bestimmen zu können.

Um den Sicherheitsfaktor t_I zu bestimmen, geben sie folgende Beziehung an (vgl. BUCHAN/KÖNIGSBERG 1963, S. 355):

$$F_I = f(t_I)$$

$$F_I = \frac{\overline{S_L}}{\sigma_L} \cdot (1 - Z)$$

mit:

$\overline{S}_L$: Erwartungswert des Lagerabgangs während der stochastisch verteilten Wiederbeschaffungszeit

σ_L: Standardabweichung des Lagerabgangs während der stochastisch verteilten Wiederbeschaffungszeit

Z: Lieferbereitschaftsgrad

Die Funktion $f(t_I)$ bzw. F_I ist ebenfalls abhängig von der Lagerabgangsverteilung während der Wiederbeschaffungszeit.

BUCHAN/KÖNIGSBERG geben Lösungen für F_I für die Fälle des rechteck-, normal- und exponentialverteilten Lagerabgangs während der Wiederbeschaffungszeit an (vgl. BUCHAN/KÖNIGSBERG 1963, S. 355 ff.):

1. Rechteckverteilung

$$F_I = \frac{(\sqrt{3} - t_I)^2}{4 \cdot \sqrt{3}}$$

Damit kann t_I analytisch bestimmt werden.

2. Normalverteilung

$$F_I = \phi(t_I) - (t_I) \cdot \psi(t_I)$$

mit:

$$\phi(t_I) = \frac{1}{\sqrt{2\pi}} \cdot e^{-\frac{1}{2}t_I^2}$$

und

$$\psi(t_I) = \int_{t_I}^{\infty} \phi(t_I)\, dt_I$$

Diese Funktionen liegen in Form von Tabellen für die Gauß'sche Normalverteilung vor. Durch Einsetzen verschiedener Werte kann t_I iterativ ermittelt werden.

3. Exponentialverteilung

$$F_I = e^{-(1 + t_I)}$$

Der Wert für t_I kann damit analytisch ermittelt werden.

Somit können nach BUCHAN/KÖNIGSBERG die Werte für den Sicherheitsfaktor je nach Form der gemeinsamen Verteilung von Lagerabgang und Wiederbeschaffungszeit entweder analytisch oder tabellarisch ermittelt werden.

Für alle drei Verteilungsformen wird auch ein graphisches Verfahren zur Bestimmung von t_I vorgestellt. In Abbildung 3-2 ist beispielhaft ein Funktionsgraph für verschiedene Werte von μ dargestellt. Der Wert μ berechnet sich dabei wie folgt:

$$\mu = \frac{\sigma_L}{S_L}$$

Durch Vorgabe des Lieferbereitschaftsgrades Z_I sowie des Wertes μ kann dann der Sicherheitsfaktor t_I graphisch ermittelt werden.

KOTTKE (1966) berechnet zunächst einen Sicherheitsbestand, der die Lagerabgangsschwankungen abdecken soll. Bei einer stochastischen Wiederbeschaffungszeit wird dieser Bestand um einen wiederbeschaffungszeitabhängigen Anteil erhöht. Der Sicherheitsbestand für Lagerabgangsschwankungen berechnet sich wie folgt (vgl. KOTTKE 1966, S. 120):

$$b_s = \sigma \cdot \kappa$$

mit:

b_s : Sicherheitsbestand gegen Lagerabgangsschwankungen

σ : Standardabweichung der Lagerabgangsverteilung

κ : Sicherheitsfaktor

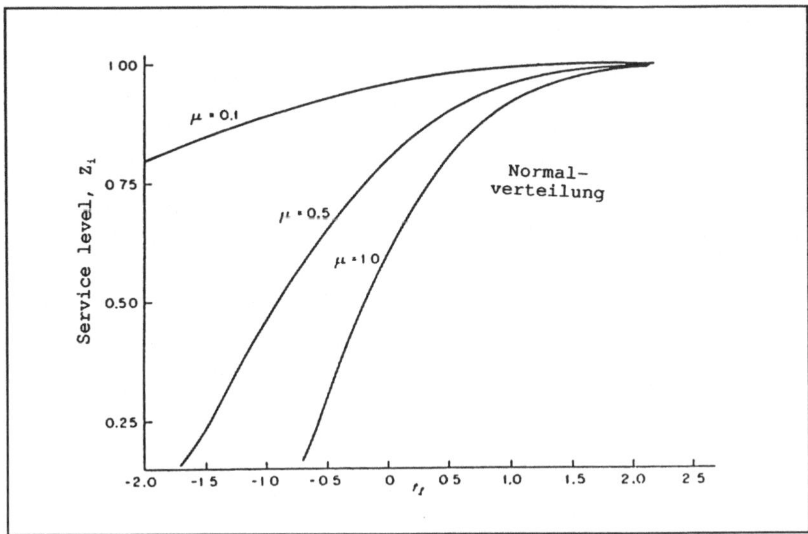

3-2: Funktionsgraph zur Ermittlung des Sicherheitsfaktors t_i bei Vorliegen einer Normalverteilung (BUCHAN/KÖNIGSBERG 1963, S. 346)

KOTTKE unterstellt, daß Lagerabgangsverteilungen normalverteilt sind. Daraus folgert er, daß der Sicherheitsfaktor κ aufgrund der Gauß'schen Normalverteilung berechnet bzw. einer Wertetabelle entnommen werden kann.

Die Tabelle in Abbildung 3-3 stellt mustergültig verschiedene Verfügbarkeitswahrscheinlichkeiten (Lieferbereitschaftsgrade) den Sicherheitsfaktoren gegenüber.

Die ermittelten Werte gelten bei einer Wiederbeschaffungszeit von einer Woche. Für die Berechnung des Sicherheitsbestandes, der zur Vorratssicherung während einer Wiederbeschaffungszeit von n Wochen ausreichen soll, gilt (vgl. KOTTKE 1966, S. 121):

$$b_s = \sqrt{n} \cdot \sigma \cdot \kappa$$

<table>
<tr><td colspan="12" align="center">Werte für die Sicherheitsfaktoren ($\varkappa$) der
verschiedenen Verfügbarkeitswahrscheinlichkeiten (W_v)[a]</td></tr>
<tr><td>W_v/%</td><td>$\varkappa$</td><td>W_v/%</td><td>$\varkappa$</td><td>W_v/%</td><td>$\varkappa$</td><td>W_v/%</td><td>$\varkappa$</td><td>W_v/%</td><td>$\varkappa$</td><td>W_v/%</td><td>$\varkappa$</td></tr>
<tr><td>50,00</td><td>0,00</td><td>69,15</td><td>0,50</td><td>84,13</td><td>1,00</td><td>93,32</td><td>1,50</td><td>97,73</td><td>2,00</td><td>99,38</td><td>2.50</td></tr>
<tr><td>53,98</td><td>0,10</td><td>72,57</td><td>0,60</td><td>86,43</td><td>1,10</td><td>94,52</td><td>1,60</td><td>98,21</td><td>2,10</td><td>99,53</td><td>2,60</td></tr>
<tr><td>57,93</td><td>0,20</td><td>75,80</td><td>0,70</td><td>88,49</td><td>1,20</td><td>95,54</td><td>1,70</td><td>98,61</td><td>2,20</td><td>99,65</td><td>2,70</td></tr>
<tr><td>61,79</td><td>0,30</td><td>78,81</td><td>0,80</td><td>90,32</td><td>1,30</td><td>96,41</td><td>1,80</td><td>98,93</td><td>2,30</td><td>99,74</td><td>2,80</td></tr>
<tr><td>65,54</td><td>0,40</td><td>81,59</td><td>0,90</td><td>91,92</td><td>1,40</td><td>97,13</td><td>1,90</td><td>99,18</td><td>2,40</td><td>99,81</td><td>2,90</td></tr>
<tr><td></td><td></td><td></td><td></td><td></td><td></td><td></td><td></td><td></td><td></td><td>99,87</td><td>3,00</td></tr>
</table>

[a] Werte entnommen aus der Tabelle von M. Fisz: Wahrscheinlichkeitsrechnung und mathematische Statistik. Berlin 1962, S. 505, Tafel III.

Abb. 3-3: Werte für die Sicherheitsfaktoren ($\varkappa$) bei verschiedenen Lieferbereitschaftsgraden (W_v) (KOTTKE 1966, S. 121)

Um den Sicherheitsbestand für eine Wiederbeschaffungszeitschwankung zu ermitteln, müssen die Wiederbeschaffungszeiten der Vergangenheit erfaßt und eine Wahrscheinlichkeitsverteilung aufgestellt werden. Dabei setzt KOTTKE eine Schwankung um einen Mittelwert voraus, womit anscheinend auch hier eine Normalverteilung unterstellt wird (vgl. KOTTKE 1966, S. 129).

KOTTKE meint, daß die Wiederbeschaffungszeiten von den individuellen Betriebsverhältnissen des Lieferanten abhängen und somit von diesem selbst am besten eingeschätzt werden können. Er schlägt daher vor, von den vom Lieferanten genannten Wiederbeschaffungszeiten auszugehen und diese mit einem Sicherheitszuschlag zu versehen, dessen Höhe sich nach den Lieferverzögerungen der Vergangenheit richtet.

Da die absoluten Lieferverzögerungen abhängig von der Länge der Wiederbeschaffungszeiten sind, bilden sie keine geeignete Grundlage, um den Sicherheitszuschlag zu bestimmen.

Die Lösung, die KOTTKE vorschlägt, besteht darin, aufgrund von Vergangenheitsdaten die Wiederbeschaffungszeitabweichungen mit den geplanten bzw. vom Lieferanten angegebenen Wiederbeschaffungszeiten zu vergleichen und so die relativen
Wiederbeschaffungszeitabweichungen zu ermitteln.

Werden die prozentual gleichen Werte der Wiederbeschaffungszeitüber- bzw. -
unterschreitungen zusammengefaßt, so ergibt sich eine Häufigkeitsverteilung, die
nach Ansicht von KOTTKE um den Wert 0 % die höchste Häufigkeit aufweist und
mit zunehmender Wiederbeschaffungszeitüberziehung abnimmt (vgl. KOTTKE 1966,
S. 129).

In einer Tabelle werden unterschiedliche Intervalle der Wiederbeschaffungszeitver-
teilungen den Lieferbereitschaftsgraden (Verfügbarkeitswahrscheinlichkeiten) gegen-
übergestellt (vgl. Abbildung 3-4).

Häufigkeitsverteilung der relativen Beschaffungszeitüberziehungen		
Relative Beschaffungszeit- überziehungen $t_{b\ddot{u}}/\%$	Häufigkeit der Beschaffungszeit- überziehungen $f(t_{b\ddot{u}})$	Verfügbarkeits- wahrscheinlichkeit (Häufigkeitssumme) $W_v/\%$
$-\,100 \leqq t_{b\ddot{u}} < -\,2$	19	19
$-\,2 \leqq t_{b\ddot{u}} < 3$	23	42
$3 \leqq t_{b\ddot{u}} < 8$	15	57
$8 \leqq t_{b\ddot{u}} < 13$	18	75
$13 \leqq t_{b\ddot{u}} < 18$	12	87
$18 \leqq t_{b\ddot{u}} < 25$	5	92
$25 \leqq t_{b\ddot{u}} < 35$	3	95
$35 \leqq t_{b\ddot{u}} < 50$	4	99
$35 \leqq t_{b\ddot{u}} < \infty$	1	100

Abb. 3-4:   Häufigkeitsverteilung der relativen Wiederbeschaffungszeitabweichungen (KOTTKE 1966, S.130)

Auf diese Weise läßt sich der Sicherheitszuschlag entweder für einen vorgegebenen oder als kostenoptimal berechneten Lieferbereitschaftsgrad ermitteln.

Wird ein Lieferbereitschaftsgrad von 92 % festgesetzt, so wäre nach den statistischen Werten in der Tabelle in Abbildung 3-4 eine Wiederbeschaffungszeitüberziehung von 25 % der vom Lieferanten genannnten Wiederbeschaffungszeit hinzuzurechnen, um den notwendigen Sicherheitsbestand zu ermitteln. Es gilt:

$$b_{s,b} = \sqrt{n \cdot (1 + \frac{t_{bü}}{100})} \cdot \sigma \cdot \kappa$$

mit:

$b_{s,b}$: Sicherheitsbestand gegen Lagerabgangs- und Wiederbeschaffungszeitschwankungen

n : Anzahl Wochen Wiederbeschaffungszeit

κ : Sicherheitsfaktor gegen Lagerabgangsschwankungen

σ : Lagerabgang pro Zeiteinheit

t_{bu} : relative Wiederbeschaffungszeitabweichung

HUNZIKER (1964) berücksichtigt neben den Lagerabgangsschwankungen auch Schwankungen des Liefertermins, der Liefermenge und der Bestandsführung.

Die Summe aller Planungsabweichungen und damit der realisierte Lieferbereitschaftsgrad kann an der Streuung der Bestände unmittelbar vor einer neuen Lieferung erkannt werden. In Abbildung 3-5 ist eine Streuung des Bestandes dargestellt, wobei der Minimalbestand, d.h. der Bestand unmittelbar vor der nächsten Lieferung, mit B_l bezeichnet wird.

Ohne jegliche Planungsabweichungen wären die Minimalbestände B_l gleich dem Sicherheitsbestand. HUNZIKER nimmt an, daß die Summe der Planungsabweichungen eine Normalverteilung der Minimalbestände B_l mit Mittelwert B_l verursacht.

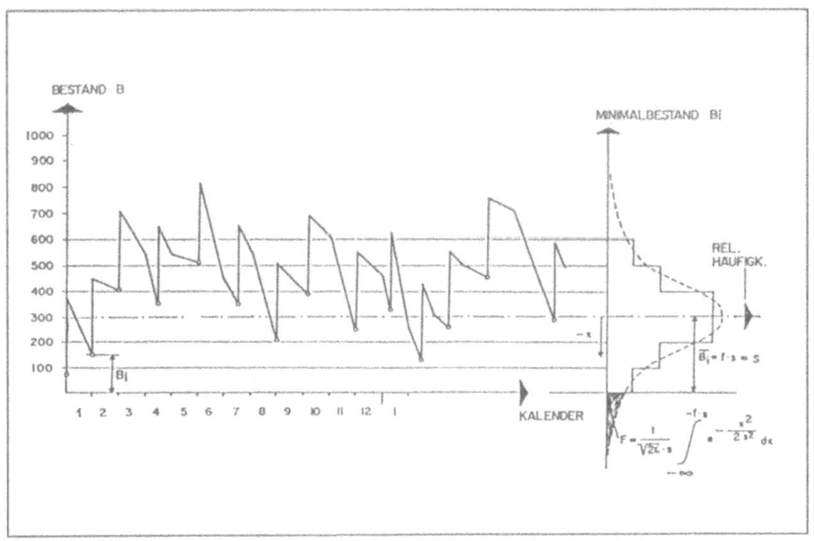

Abb. 3-5:   Häufigkeitsverteilung der Minimalbestände (HUNZIKER 1964, S.166)

Für den Mittelwert und die Standardabweichung der Verteilung gilt (vgl. HUNZIKER 1964, S. 166):

Mittelwert:

$$\overline{B_i} = \frac{1}{n} \cdot \sum_{1}^{n} B_i$$

Standardabweichung:

$$s = \sqrt{\frac{1}{n-1} \cdot \sum_{1}^{n} (B_i - \overline{B_i})^2}$$

mit:

    n: Anzahl beobachteter Minimalbestände

Wird die Standardabweichung s mit einem Sicherheitsfaktor f multipliziert, so liegt eine bestimmte statistische Sicherheit vor, mit der Bestände unterhalb von Null zu erwarten sind. Ebenso kann ein Lieferbereitschaftsgrad vorgegeben werden und aus Tabellen der Normalverteilung ein Sicherheitsfaktor f ermittelt werden.

Der Sicherheitsbestand berechnet sich dann durch (vgl. HUNZIKER 1964 S. 167):

$$S = k_{neu} \cdot \sqrt{b} \cdot w$$

mit:

$$k_{neu} = k_{alt} \cdot \frac{2 S_{alt} + S'}{3 S_{alt}}$$

und:

$$S' = f \cdot s$$

mit:

    f: Sicherheitsfaktor

    s: Standardabweichung der Minimalbestände

Die Einflüsse auf die Abweichungen ändern sich ständig. Dies ist der Grund, daß der Sicherheitsbestand immer wieder neu bestimmt werden muß.

HUNZIKER gibt auch eine Lösung für einen kostenoptimalen Sicherheitsbestand an. Der Unterschied zur Vorgehensweise bei vorgegebenem Lieferbereitschaftsgrad besteht darin, daß der Sicherheitsfaktor f nicht aus Tabellen der Normalverteilung, sondern durch folgende Formel ermittelt wird (vgl. HUNZIKER 1964 S. 167):

$$f = \sqrt{2\ln \frac{C_a \cdot N}{C_s \cdot s \cdot \sqrt{2\pi}}}$$

mit:

C_a: Ausfallkosten pro Mengeneinheit

C_s: Lagerkosten pro Mengeneinheit

N :   Anzahl Lieferungen pro Jahr

Grundsätzlich andere Lösungsansätze zur Bestimmung des Sicherheitsbestandes als die zuvor betrachteten schlagen SPICHER (1973), SOOM (1976) und TERSINE (1982) vor.

Die Lösung, die SOOM (1976) vorschlägt, um eine kostenoptimale Losgröße, ein kostenoptimales Bestellintervall sowie einen kostenoptimalen Sicherheitsbestand unter Berücksichtigung der Planbarkeit, der Lagerabgangsstruktur, des Lieferbereitschaftsgrades und der zeitlichen sowie mengenmäßigen Abweichung der Lieferungen zu bestimmen, beruht auf einer empirischen Untersuchung und Simulation der "Bestellgrenzenrechnung" (SOOM 1976, S. 79).

Ergebnis dieser Untersuchung ist ein umfangreiches Tabellenwerk, in dem die Variablen, die SOOM in den Formeln zur Berechnung der Losgröße, des Bestellintervalls sowie des Sicherheitsbestandes einführt, in Abhängigkeit der oben genannten Einflußgrößen ermittelt werden können.

Die Berechnung des Sicherheitsbestandes führt SOOM unter dem Gesichtspunkt der Kostenminimierung durch.

Der Sicherheitsbestand ist nach SOOM der Betrag, um den der Erwartungswert des Lagerabgangs während der Lieferzeit erhöht werden muß, um den optimalen Bestellauslösebestand zu erhalten. Für den Sicherheitsbestand gilt (vgl. SOOM 1976, S. 78):

$$S_\tau = \mu \cdot \frac{V_{50}}{50}$$

mit:

μ : Sicherheitsfaktor

V_{50} : jährlicher Lagerabgang (50 Wochen)

Der Faktor μ ist abhängig von

- der Wiederbeschaffungszeit τ
- der Bestellperiode t
- der Planbarkeit π
- dem Lieferbereitschaftsgrad λ
- der Lagerabgangsstruktur p

Die Planbarkeit berücksichtigt den Umstand, daß meist Abweichungen zwischen geplantem und tatsächlichen Lagerabgang auftreten. SOOM bildet vier Klassen der Planbarkeit:

- π_0: absolut planbar
- π_1: gut planbar
- π_2: mittelmäßig planbar
- π_3: schlecht planbar

Auch den Lieferbereitschaftsgrad teilt SOOM in fünf Klassen ein:

$-\lambda=90,0\%$

$-\lambda=95,0\%$

$-\lambda=98,0\%$

$-\lambda=99,0\%$

$-\lambda=99,9\%$

Ebenso nimmt SOOM eine Klassifizierung der Lagerabgangsstruktur vor. Er unterscheidet die in Abbildung 3-6 dargestellten Lagerabgangsstrukturen.

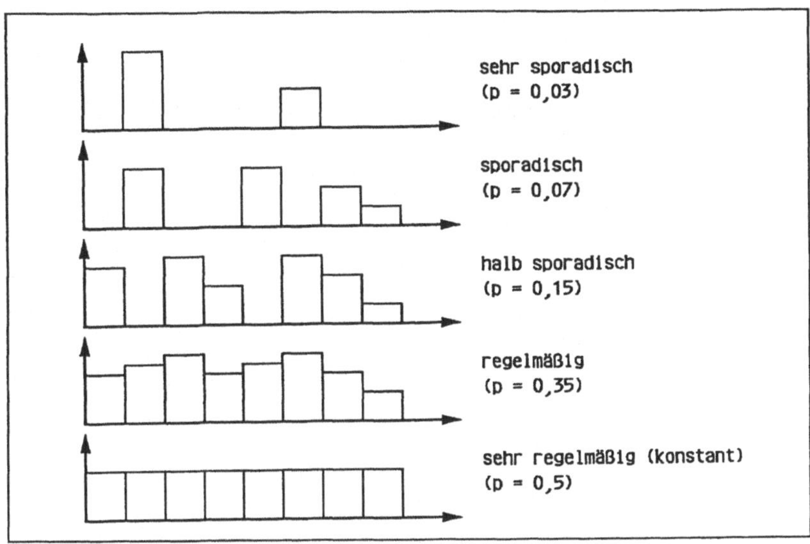

<u>Abb. 3-6:</u>   Mögliche Lagerabgangsstrukturen (SOOM 1976, S.23)

Mit Hilfe dieser Einflußgrößen kann der Sicherheitsfaktor μ dann aus Tabellen ermittelt werden (vgl. Abbildung 3-7).

TERSINE (1982) gibt folgende Formel zur Berechnung des Sicherheitsbestandes an (vgl. TERSINE 1982, S. 152):

$$SB = M_a - \overline{M}$$

mit:

    SB   : Sicherheitsbestand

    M_a : Lagerabgang während variabler Wiederbeschaffungszeit bei vorgegebenem Lieferbereitschaftsgrad

    M   : Erwartungswert des Lagerabgangs während variabler Wiederbeschaffungszeit

μ·Tabelle		π_1					$\lambda = 99\%$
τ	t	1,6—2,5 2	2,6—4 3,3	4,1—6 5	6,1—10 8	10,1—14 12	14,1—17,7 16
0	0	0,7	0,4	0,23	0,14	0,08	0,05
1	1	1,6	0,9	0,5	0,25	0,16	0,11
2	2	2,0	1,2	0,7	0,38	0,24	0,17
3—4	3,5	2,4	1,5	0,9	0,5	0,32	0,24
5—7	6	2,9	1,8	1,1	0,7	0,4	0,30
8—10	9	3,4	2,0	1,3	0,8	0,5	0,36
11—14	12,5	3,8	2,2	1,5	0,9	0,6	0,4
15—18	16,5	4,3	2,5	1,7	1,0	0,7	0,5
19—23	21	4,8	2,8	1,8	1,2	0,8	0,6
24—28	26	5,2	3,1	2,1	1,3	0,9	0,6
29—35	32	5,7	3,4	2,2	1,4	0,9	0,7
36—44	40	6,3	3,8	2,5	1,6	1,0	0,8
45—55	50	6,8	4,1	2,7	1,7	1,5	0,8

<u>Abb.: 3-7:</u> Beispiel einer Tabelle zur Ermittlung von μ (SOOM 1976, S.113)

TERSINE schlägt die in Abbildung 3-8 dargestellte Tabelle vor, um M_a zu ermitteln:

Lead Time Demand in Units, M	Probability $P(M)$	$MP(M)$	Probability of Demand $> M$, $P(s)$
30	0.025	0.75	0.975
40	0.100	4.00	0.875
50	0.200	10.00	0.675
60	0.350	21.00	0.325
70	0.200	14.00	0.125 ←
80	0.100	8.00	0.025
90	0.025	2.25	0
	1.000	60.00	

<u>Abb. 3-8:</u>   Tabelle zur Bestimmung des Sicherheitsbestandes (TERSINE 1982, S.153)

Die jeweiligen Werte der Wahrscheinlichkeits- und Häufigkeitsverteilung des Lagerabgangs während der variablen Wiederbeschaffungszeit können entweder durch Simulation mit Hilfe der Monte-Carlo-Methode oder mit einem analytischen Verfahren, das TERSINE im Anhang seines Buches vorstellt, ermittelt werden.

Dieses Verfahren ermöglicht es, bei vorgegebenen diskreten Wahrscheinlichkeiten für Wiederbeschaffungzeit und Lagerabgang durch Kombinatorik eine gemeinsame Wahrscheinlichkeitsverteilung zu ermitteln.

Die Anwendung des Verfahrens ist sehr aufwendig: In einem Beispiel mit nur 4 Stützstellen der Lagerabgangsverteilung und 3 Stützstellen der Verteilung der Wiederbeschaffungszeit benötigt TERSINE bereits fast 100 Rechenoperationen, um die gemeinsame Verteilung zu ermitteln.

Mit:

$$\overline{M} = \sum M \cdot P(M)$$

läßt sich nun mit dem gewünschten Lieferbereitschaftsgrad L

$$L = 1 - P(s)$$

der zugehörige Lagerabgang während der Wiederbeschaffungszeit ermitteln.

Einem geforderten Lieferbereitschaftsgrad von 87,5 % entspricht die Fehlmengenwahrscheinlichkeit von 12,5 %, also: P(s)= 0,125. Damit entnimmt man der Tabelle in Abbildung 3-8: M_a= 70.

Der Sicherheitsbestand berechnet sich nach TERSINE dann zu:

$$SB = M_a - \overline{M} = 70 - 60 = 10$$

SPICHER (1975) beschreibt eine Methode, die es gestattet, durch Vorgabe eines Lieferbereitschaftsgrades die Höhe der Lagerbestände zu steuern.

Er gibt einen Algorithmus an, mit dem Sicherheitsbestände aufgrund des realisierten Lieferbereitschaftsgrades ermittelt werden können. Der Algorithmus basiert auf dem analytisch ermittelten Zusammenhang zwischen der erforderlichen Änderungsmenge des Sicherheitsbestandes und der Abweichung des realisierten Lieferbereitschaftsgrades von dem geforderten Ziel-Lieferbereitschaftsgrad.

Der Sicherheitsbestand hat die Aufgabe, sämtliche Zufallseinflüsse bezüglich der Bestandsbewegung innerhalb der Wiederbeschaffungszeit abzudecken. Sie werden alle zu einer einzigen Zufallskomponente zusammengefaßt.

Der beschriebene Algorithmus ist generell anwendbar und frei von allen Verteilungshypothesen (SPICHER 1975, S. B2).

SPICHER setzt bei der Anwendung seines Algorithmus ein Lagermodell mit kontinuierlicher Bestandsüberprüfung voraus, d.h. auch, daß in gewissen Zeitintervallen der Lieferbereitschaftsgrad der jeweiligen Periode berechnet wird.

Es gilt (vgl. SPICHER 1975, S. B3):

$$LBG_k = \frac{AG_k}{AG_k + ST_k} \cdot 100$$

mit:

LBG_k : Lieferbereitschaftsgrad

AG_k : Lagerabgang in Mengeneinheiten in Periode k

ST_k : Streichungsmenge (Fehlmenge) in Periode k

Anschließend wird nach der Methode der exponentiellen Glättung erster Ordnung ein geglätteter Lieferbereitschaftsgrad (GLBG) ermittelt, welcher die Entwicklung der vorausgegangenen Perioden berücksichtigt.

$$GLBG_k = (1 - \alpha) \cdot GLBG_{k-1} + \alpha \cdot LBG_k \qquad 0 \leq \alpha \leq 1$$

Dabei stellt α einen frei wählbaren Parameter dar. Je größer α gewählt wird, um so höher wird der Einfluß der jüngsten Periode gewichtet.

Der Ziel-Lieferbereitschaftsgrad (ZLBG) wird als Intervall zusammen mit einer Obergrenze (OG) und einer Untergrenze (UG) definiert.

Er gilt in Periode k als eingehalten, wenn die Beziehung:

$$UG \leq GLBG_k \leq OG$$

erfüllt ist.

Ist dies nicht der Fall, so ist eine Änderung des Sicherheitsbestandes (ΔSB) vorzunehmen. Dabei wird vorausgesetzt, daß ein Startwert für den Sicherheitsbestand vorgegeben wird. SPICHER sagt, daß ein funktionaler Zusammenhang zwischen Sicherheitsbestand und Lieferbereitschaftsgrad besteht. Die Analyse dieses Zusammenhangs wird mit folgender Zielsetzung durchgeführt:

Tritt in Periode k eine Zielabweichung auf, so muß ermittelt werden, um welchen Betrag ΔSB der Sicherheitsbestand vor n Perioden hätte geändert werden müssen, um diese Zielabweichung zu vermeiden. Durch die Vorgabe von n wird ebenso wie bei der Wahl von α der zeitliche Einfluß der Vergangenheit gewichtet.

Ein niedriges n, also eine Berücksichtigung nur weniger Perioden vor der Zielabweichung führt zu einer hohen Gewichtung der jüngeren Vergangenheit. Daraus

wird deutlich, daß der Algorithmus den SPICHER vorschlägt, empirische Untersuchungen bezüglich der Wahl von n und α erforderlich macht.

Der Algorithmus sieht vor, zunächst einmal die Anzahl der Tage ohne Deckung und
die Lagerabgangsmengen der zurückliegenden n Perioden zu ermitteln. Mit diesem
Wert wird eine erste Näherung für die notwendige Änderung des Sicherheitsbestandes, wie folgt, berechnet (vgl. SPICHER 1975, S. B8):

$$\Delta SB = \frac{ZLBG - GLBG_k}{\displaystyle\sum_{v=0}^{n-1} \frac{S_{k-v} \cdot (1 - \alpha)^v}{NF_{k-v}}}$$

mit:

S_{k-v} :   Anzahl der Tage mit Unterdeckung

NF_{k-v} :   Lagerabgang

Anschließend wird der geglättete Lieferbereitschaftsgrad in Periode k unter der
Annahme berechnet, daß der Sicherheitsbestand in Periode k-n um ΔSB erhöht
wurde.

Ist:

$$GLBG_{k_{neu}} = ZLBG$$

so erhöht sich der Sicherheitsbestand in Periode k+1 um ΔSB. Andernfalls ist dieses
Verfahren zu wiederholen.

Es wird deutlich, daß ein hoher Aufwand damit verbunden ist, die Änderung des
Sicherheitsbestandes ΔSB zu ermitteln. Unter Umständen kann ein längerer Iterations-
prozeß erforderlich sein.

Zudem reagiert der Algorithmus von SPICHER erst dann, wenn der gewünschte Lieferbereitschaftsgrad unterschritten wurde. Eine Sicherheit für das Einhalten des Lieferbereitschaftsgrades kann demzufolge nicht gegeben werden.

3.2 A Lösungsansätze, bei denen ein Sicherheitsbestand implizit in den Berechnungen berücksichtigt wird

Häufig wird in Lagerhaltungsmodellen ein "Bestand" zum Ausgleich möglicher Lagerabgangs- und Wiederbeschaffungsschwankungen implizit berechnet, ohne ihn direkt als einen Sicherheitsbestand auszuweisen.

Dies geschieht bei der Bestimmung des Bestellauslösebestandes. Der Bestellauslösebestand ist der Bestand, bei dessen Erreichen eine Bestellung veranlaßt werden muß (vgl. HACKSTEIN 1988, S. 128).

Bestellmenge und Bestellauslösebestand werden dabei so bestimmt, daß die Gesamtkosten der Lagerung minimal werden (vgl. KLEMM/MIKUT 1972, S. 37).

Geht man bei der Bestimmung des optimalen Bestellauslösebestandes von deterministischen Größen bezüglich Lagerabgang und Wiederbeschaffungszeit zu stochastischen Größen über, so fällt in der Regel der Bestellauslösebestand größer aus. Dies bedeutet, aus Gründen der Unsicherheit bestellt man bereits zu einem früheren Zeitpunkt bzw. man hält einen höheren Bestand vor, der bis zum Eintreffen der nächsten Lieferung ausreichen soll.

Die Differenz zwischen Bestellauslösebeständen bei stochastischen und bei deterministischen Größen kann demzufolge als ein zusätzlicher Sicherheitsbestand interpretiert werden (vgl. KLEMM/MIKUT 1972, S. 233).

Die Vorgehensweise zur Bestimmung des optimalen Bestellauslösebestandes in Lagerhaltungsmodellen stellt sich folgendermaßen dar (vgl. BRUNNBERG 1970, S. 46):

- Zunächst wird eine Kostengleichung aufgestellt.
- Die Kostengleichung ist dann partiell nach dem Bestellauslösebestand abzuleiten.
- Die partielle Ableitung wird zu Null gesetzt und nach dem Bestellauslösebestand aufgelöst.

Die Schwierigkeit, die sich dabei ergibt, liegt in der Bestimmung der gemeinsamen Verteilung von Lagerabgang und Wiederbeschaffungszeit. Diese Schwierigkeit ergab sich, wie bereits beschrieben, auch bei der expliziten Berechnung eines Sicherheitsbestandes. Dort genügte es jedoch meistens, die ersten beiden Momente der gemeinsamen Verteilung, d.h. Erwartungswert und Varianz, zu berechnen.

Im Rahmen der Optimierung der Kostenfunktion tritt dieses Problem in der Form auf, daß das Integral über die Dichtefunktion der Wiederbeschaffungszeit multipliziert mit der bedingten Wahrscheinlichkeit des Lagerabgangs partiell abgeleitet werden muß (vgl. KLEMM/MIKUT 1972, S. 126).

Lösungsansätze (unter verschiedenen Einschränkungen) existieren von BRUNNBERG (1970), KLEMM/MIKUT (1972), HOLT u.a. (1960), HADLEY/ WHITHIN (1963), HOCHSTÄDTER (1969), FABRYCKY/TORGERSEN (1966) und TEMPELMEIER (1983).

Die Lösungsansätze von BRUNNBERG, KLEMM/MIKUT, HOLT u.a., HADLEY/ WHITHIN und HOCHSTÄDTER ermitteln einen kostenoptimalen Bestellauslösebestand und damit auch einen kostenoptimalen Sicherheitsbestand nach dem gleichen Grundprinzip.

Der Lösungsansatz von BRUNNBERG soll daher stellvertretend für diese Gruppe vorgestellt werden:

BRUNNBERG (1970) beschreibt ein (R-x)-Modell. Dies bedeutet, jedesmal, wenn der Lagerbestand exakt auf den Bestellauslösebestand R abgesunken ist, wird die konstante Menge x bestellt (vgl. Abbildung 3-9).

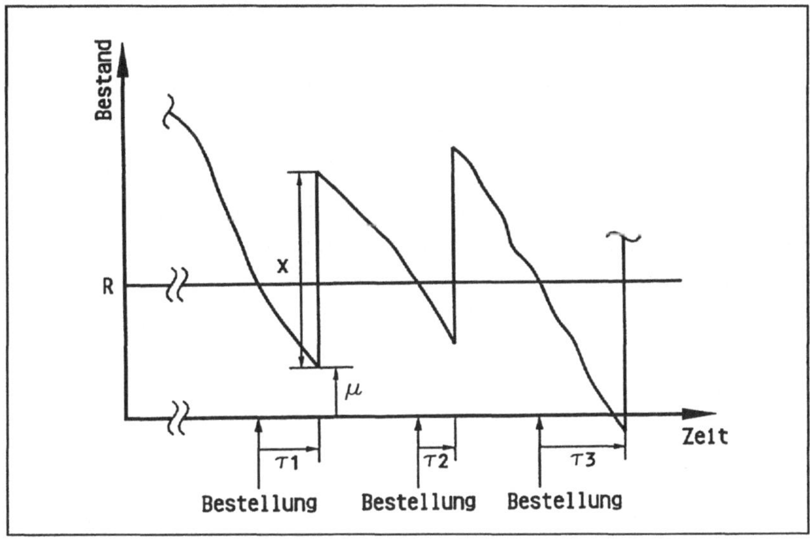

Abb. 3-9:   Darstellung eines (R-x)-Modells

Zunächst wird die Wiederbeschaffungszeit als konstant angenommen. Dies führt zu folgender Gleichung für die Lagerkosten:

$$K(x,R) = \underbrace{\frac{U \cdot C}{x}}_{\text{Beschaffungskosten}} + \underbrace{p \cdot l \cdot \left(\frac{x}{2} + R - \mu\right)}_{\text{Lagerhaltungskosten}} + \underbrace{\frac{f \cdot U}{x} \cdot \int_{R}^{\infty} (q - R)\, f(q, \tau)\, dq}_{\text{Fehlmengenkosten}}$$

mit:

U: als konstant angenommener Erwartungswert der Lagerabgangsgeschwindigkeit (Mengeneinheit/Zeiteinheit)

C: bestellfixe Kosten (DM/Beschaffungsvorgang)

p: als konstant angenommene Stückkosten (DM/Stück)

l: kombinierter Lager- und Zinskostensatz (DM/Stück * Zeiteinheit)

R: Meldemenge (Stück)

38

μ: Erwartungswert des Lagerabgangs während der Wiederbeschaffungszeit (Stück)

f (q,τ)dq: die Wahrscheinlichkeit, daß der Lagerabgang zu einem Zeitpunkt τ zwischen q und dq liegt

Ohne es explizit zu erwähnen, trifft BRUNNBERG die Annahme, daß die Anzahl der Perioden mit Fehlmengen klein ist gegenüber der Gesamtzahl, und daß die Dauer der Unterdeckung sowie deren Höhe klein sei. Dies läßt sich aus dem Ausdruck BRUNNBERGs für die Lagerhaltungskosten schließen, der nur für Perioden ohne Fehlmengen als Approximation angesetzt werden kann.

Die Annahme eines stationären Lagerabgangsverhalten trifft BRUNNBERG explizit.

Durch partielles Ableiten nach x und R und zu Null setzen bestimmt BRUNNBERG die optimale Bestellmenge und den optimalen Bestellauslösebestand. Es gilt (vgl. BRUNNBERG 1970, S. 159):

$$\frac{\partial K(x,R)}{\partial x} = -\frac{U \cdot C}{x^2} + \frac{p \cdot l}{2} - \frac{f \cdot U}{x^2} \int\limits_{R}^{\infty} (q-R) \, f(q,\tau) \, dq$$

$$\Rightarrow \quad x_{opt} = \sqrt{\frac{2 \cdot U \cdot C}{p \cdot l} + \frac{2 \cdot U}{p \cdot l} \cdot f \cdot \int\limits_{R}^{\infty} (q-R) \, f(q,\tau) \, dq}$$

$$\frac{\partial K(x,R)}{\partial R} = p \cdot l - f \cdot \frac{U}{x} \cdot (1 - \int\limits_{0}^{R} f(q,\tau) \, dq)$$

Es gilt:

$$F(R) \; \triangle \; (1 - \int\limits_{0}^{R} f(q,\tau) \, dq)$$

$$\Rightarrow \quad F(R_{opt}) = \frac{p \cdot l}{f \cdot U} \cdot x_{opt}$$

mit:

F (R_{opt}) : der optimale Wert der Summenhäufigkeit

Die Lösung für x_{opt} und R_{opt} kann mittels einer Formel oder mit Hilfe eines Iterationsverfahrens bestimmt werden. Das Verfahren ist abhängig von der Dichtefunktion $f(q,\tau)$.

BRUNNBERG stellt Lösungen für x_{opt} und R_{opt} bei einer

- Rechteckverteilung
- Exponentialverteilung
- Normalverteilung

des Lagerabgangs vor (vgl. BRUNNBERG 1970, S. 163 ff).

Im folgenden führt BRUNNBERG dann die Annahme ein, daß die Wiederbeschaffungszeit τ nicht konstant ist, sondern eine Zufallsvariable mit der Dichte $g(\tau)$.

Damit gilt für die Funktion der Gesamtkosten des Lagers:

$$K(x,R) = \frac{U \cdot C}{x} + p \cdot l \cdot (\frac{x}{2} + R - \mu) + f \cdot \frac{U}{x} \cdot \int\limits_{R}^{\infty} (q-R)\, h(q)\, dq$$

mit:

$$h(q) = \int\limits_{R}^{\infty} f(q,\tau)\, g(\tau)\, d\tau$$

Diese Form gilt wiederum nur unter den bereits bei konstanter Wiederbeschaffungszeit getroffenen Voraussetzungen.

Die weitere Vorgehensweise, also partielle Ableitungen nach x und R sowie Auflösen nach x_{opt}^{*} und R_{opt}^{*} entspricht der bei konstanter Wiederbeschaffungszeit.

BRUNNBERG unterstellt die bereits erwähnten Verteilungsformen nun sowohl für den Lagerabgang als auch für die Wiederbeschaffungszeit.

Die Differenz zwischen R_{opt} und R_{opt}^* kann als Sicherheitsbestand für die Berücksichtigung von Schwankungen der Wiederbeschaffungszeit interpretiert werden.

BRUNNBERG gibt an, daß für den Fall einer normalverteilten Lieferzeit keine handhabbaren Lösungen existieren, da die Funktionen nicht zusammengefaßt oder vereinfacht werden können. Auch unter der Annahme einer rechteck- bzw. exponentialverteilten Wiederbeschaffungszeit bei normalverteiltem Lagerabgang kann keine Lösung angegeben werden (vgl. BRUNNBERG 1970, S. 200).

Die Lösungsansätze von KLEMM/MIKUT (1972), HOLT u.a. (1960), HADLEY/ WHITHIN (1963) und HOCHSTÄDTER (1969) unterscheiden sich von dem vorgestellten Ansatz von BRUNNBERG im wesentlichen durch die Form der aufgestellten Kostengleichung und die Wahl der Verteilungstypen für Lagerabgang und Wiederbeschaffungszeit. Man kann aber sagen, daß BRUNNBERG mit seinem

Ansatz und den gewählten Verteilungen als einziger zumindest zum Teil zu vollständigen Lösungen kommt.

Ähnliche Ansätze zur Bestimmung von kostenoptimaler Bestellmenge und Bestellauslösebestand existieren von RIGGS (1976) und LEE u.a. (1989). Sie gehen im Gegensatz zu den vorgenannten Autoren von einer diskret verteilten Wiederbeschaffungszeit aus. Der Lagerabgang ist in ihren Modellen konstant, was die Berechnungen erheblich vereinfacht.

Das Problem, die zugrundeliegende Verteilung des Lagerabgangs während der Wiederbeschaffungszeit zu bestimmen, versucht ASSFALG (1976) durch die Simulation zu umgehen.

Die Simulation dient dazu, Bestandsverhalten und Kostenentwicklung in einem Lager bei Vorgabe einer Bestellmenge und eines Bestellauslösebestand zu beobachten.

ASSFALG (1976) entwirft ein Simulationsmodell für eine Mehrproduktlagerung. Sein Ziel ist es dabei, zu überprüfen, wie sich die Sammelbestellauslösebestände auf die übrigen Lagerhaltungsgrößen, insbesondere auf die Kosten, auswirken.

In seinen Ergebnissen bezüglich unterschiedlicher Verteilungen der Wiederbeschaffungszeit kommt ASSFALG zu dem Schluß, daß die Verteilungsform der Wiederbeschaffungszeit keinen Einfluß auf die Bestellauslösebestände und Bestellmengen hat. Die Wiederbeschaffungszeit beeinflußt dagegen in erheblichem Maße die mittleren und maximalen Bestände, die Lieferbereitschaftsgrade und die Kosten:

Je größer die Streuung der Wiederbeschaffungszeit ist, desto niedriger sinkt der Lieferbereitschaftsgrad, während gleichzeitig die mittleren und Maximalbestände sowie die Kosten steigen (vgl. ASSFALG 1976, S. 134).

Bei allen bisher in diesem Abschnitt betrachteten Lösungsansätzen wurde der Sicherheitsbestand unter dem Ziel der Kostenminimierung ermittelt.

Der Lieferbereitschaftsgrad ergibt sich ebenfalls aus der Minimierung der Gesamtkosten und nimmt nach ASSFALG mit zunehmenden Schwankungen immer mehr ab.

TEMPELMEIER (1983) entwickelte einen Lösungsansatz, bei dem neben stochastischem Lagerabgang und stochastischer Wiederbeschaffungszeit auch eine Restriktion bezüglich der Lieferbereitschaft berücksichtigt werden kann.

Er führt aus, daß bei einer mengenmäßig definierten Lieferbereitschaft kein Bezug zur Dauer der Unterdeckung besteht. Daher folgert TEMPELMEIER, daß nicht der Erwartungswert der Fehlmenge sondern die durchschnittliche Fehlmengendauer eines zu einem beliebigen Zeitpunkt auftretenden Lagerabgangs durch eine Restriktion beschränkt werden sollte.

Die Zeit der Unterdeckung wird im folgenden als Unterdeckungszeit bezeichnet.

Aufgrund dieser zeitbezogenen Lieferbereitschaftsrestriktion folgt die Forderung, daß die vom Bestellauslösebestand s abhängige lagerbedingte Unterdeckungszeit L_L die Schranke l_L. im Durchschnitt nicht überschreitet.

Damit gilt bei der Bestimmung der Bestellmenge q und des Bestellauslösebestandes s die Nebenbedingung (vgl. TEMPELMEIER 1983, S. 164)

$$E\{L_L\} \le l_L{}^*$$

Erwartungswert der lagerbedingten Unterdeckungszeit: $E\{L_L\}$

Damit ergibt sich eine Kostengleichung der folgenden Form (vgl. TEMPELMEIER 1983, S. 164):

$$Min\,E\{C(s,q)\} = E\{C_1\} + E\{C_3\}$$

mit:

C: Gesamtkosten

C_1:   Lagerhaltungskosten

C_3:   Bestellkosten

unter Beachtung der Randbedingung:

$$E\{L_L\} \le l_L{}^*$$

Es gilt:

$$E\{C_1\} = C_1 \cdot (\frac{q}{2} + s - E\{Y\})$$

$$E\{C_3\} = C_3 \cdot \frac{E\{R\}}{q}$$

E{Y} = Erwartungswert des Lagerabgangs Y während der Unterdeckungszeit

und E{R}:= Erwartungswert des Lagerabgangs R in einer Periode

Im folgenden gilt die Voraussetzung, daß die durchschnittliche Unterdeckungszeit für jeden Bestellauslösebestand s bekannt ist.

TEMPELMEIER sagt, der Erwartungswert der Unterdeckungszeit bei einer Lieferzeit der Länge t ist das Produkt aus dem bedingten Erwartungswert der Unterdeckungszeit und der Wahrscheinlichkeit, daß ein Lagerabgang in die Wiederbeschaffungszeit der Länge t fällt (vgl. TEMPELMEIER 1983, S. 165):

$$E\{L_L \mid T=t\} = E\{L_1 \mid T=t\} \cdot t \cdot \frac{E\{R\}}{q}$$

Unter der Berücksichtigung einer stochastischen Wiederbeschaffungszeit T mit möglichen Ausprägungen t (t= t_{min}, ..., t_{max}) wird der Erwartungswert der Unterdeckungszeit bei einer Wiederbeschaffungszeit der Länge t mit der Wahrscheinlichkeit, daß die Wiederbeschaffungszeit T=t beträgt, wie folgt berechnet:

$$E\{L_l\} = \sum_{t=t_{min}}^{t_{max}} E\{L_1 \mid T=t\} \cdot t \cdot \frac{E\{R\}}{q \cdot P\{T=t\}}$$

Damit lautet das Problem zur Bestimmung einer optimalen Bestellmenge q und eines optimalen Bestellauslösebestandes s unter Berücksichtigung einer Unterdeckungszeit-Restriktion:

$$Min\,E\{C(s,q)\} = C_1 \cdot (\frac{q}{2} + s - E\{Y\}) + C_3 \cdot \frac{E\{R\}}{q}$$

unter Beachtung der Randbedingung:

$$\sum_{t=t_{min}}^{t_{max}} E\{L_1 \mid T=t\} \cdot t \cdot \frac{E\{R\}}{q \cdot P\{T=t\}} \leq 1_L^*$$

Dies ist ein nichtlineares Minimierungsproblem. Es kann mit Hilfe der Lagrange'schen Multiplikatoren gelöst werden.

Die Lagrange-Funktion lautet:

$$Min\,L(s,q,g) = C_1\,(\frac{q}{2} + s - E\{Y\}) + C_3\,\frac{E\{R\}}{q} + g\,[\sum_{t=t_{min}}^{t_{max}} (E\{L_1 \mid T=t\}\,t\,\frac{E\{R\}}{q\,P\{T=t\}}) - 1_L^*]$$

Um diesen Ausdruck zu minimieren, sind die partiellen Ableitungen nach s, q und g Null zu setzen.

Dies führt zu folgenden Bestimmungsgleichungen für q_{opt} und g_{opt}, während s_{opt} durch die Unterdeckungszeitrestriktion determiniert ist (vgl. TEMPELMEIER 1983, S. 167):

$$q_{opt} = [2 \cdot E\{R\} \cdot (C_3 + g \cdot F_L) \cdot \frac{1}{C_1}]^{0.5}$$

$$g_{opt} = -\frac{C_1 \cdot q}{E\{R\} \cdot \frac{\partial}{\partial s} F_L}$$

mit:

$$F_L = \sum_{t=t_{min}}^{t_{max}} E\{L_1 \mid T=t\} \cdot t \cdot P\{T=t\}$$

Wegen der wechselseitigen Abhängigkeit zwischen q und s sind die Werte q_{opt} und s_{opt} simultan zu bestimmen.

Dies geschieht durch ein iteratives Verfahren. Die im Verlauf der Iteration notwendigen Berechnungen von g bereiten Schwierigkeiten, da für den Ausdruck:

$$\frac{\partial}{\partial s} F_L$$

keine geschlossene Darstellung bekannt ist. Eine Näherung besteht darin, die Ableitung numerisch zu approximieren.

An dieser Stelle stellt TEMPELMEIER fest, daß die Gesamtkostenfunktion im Bereich des Minimums einen flachen Verlauf hat, Änderungen geringen Einfluß haben und somit der Ausdruck g*F_L vernachlässigt werden kann. Mit dieser Argumentation bricht TEMPELMEIER die weitere Betrachtung ab (vgl. TEMPELMEIER 1983, S. 169).

3.3 Zusammenfassende Beurteilung der bisherigen Lösungsansätze zur Bestimmung eines Sicherheitsbestandes unter Berücksichtigung von Lagerabgangs- und Wiederbeschaffungsschwankungen

In den vorangegangenen Abschnitten wurden Methoden zur Bestimmung eines Sicherheitsbestandes dargestellt.

In der Mehrzahl der Fälle bezieht sich die Berücksichtigung von Beschaffungsschwankungen nur auf die Schwankung der Wiederbeschaffungszeit, nicht aber auf die Wiederbeschaffungsmenge. Ausnahmen sind HUNZIKER (1964) und SPICHER (1975), die alle auftretenden Zufallsgrößen zu einer Komponente zusammenfassen, sowie SOOM (1976), der jedoch nur eine ungenaue Berücksichtigung der stochastischen Größen in Form einer Klassifizierung zuläßt.

Weiterhin ist festzustellen, daß die weitaus meisten Autoren eine Normalverteilung der zu berücksichtigenden Schwankungen unterstellen. Dies ist eine Einschränkung, die nur in den wenigsten Fällen gerechtfertigt ist (vgl. z.B. MARKIEWICZ 1988, S. 61 ff, SOOM 1976, S. 23).

Autoren wie z.B BRUNNBERG und SOOM untersuchten daher auch andere Verteilungstypen und versuchen Lösungsansätze zu liefern. Sie kamen jedoch nur in den seltensten Fällen zu Ergebnissen. Die Ergebnisse, die erarbeitet wurden (vgl. z.B. BRUNNBERG 1970), erweisen sich zudem für den Gebrauch in der Praxis häufig als zu aufwendig.

Es fehlt daher zur Zeit noch ein geschlossener Ansatz zur Bestimmung eines Sicherheitsbestandes, der sowohl Lagerabgangs- als auch Wiederbeschaffungsschwankungen bei beliebigen Verteilungsformen berücksichtigt.

4. Entwicklung eines Verfahrens zur Bestimmung von Sicherheitsbeständen unter Berücksichtigung von Lagerabgangs- und Wiederbeschaffungsschwankungen

4.1 Anforderungen an das Verfahren

Ziel ist, ein Verfahren zu entwickeln, welches erlaubt, einen Sicherheitsbestand unter Berücksichtigung der tatsächlich auftretenden Lagerabgangs- und Wiederbeschaffungsschwankungen zu ermitteln.

Um dem Verfahren auch eine praktische Relevanz zu verleihen, muß es einfach anzuwenden sein und schnell zu einem genauen Ergebnis führen. Wesentlich für den praktischen Einsatz ist ebenso eine universelle Anwendbarkeit des Verfahrens im Hinblick auf die eingesetzten Methoden zur Bestellmengenermittlung. So sollte das Verfahren z.B. sowohl in Verbindung mit einer bedarfsorientierten Disposition als auch bei Anwendung einer aus einem Lagerhaltungsmodell abgeleiteten optimalen Bestellpolitik einsetzbar sein.

Voraussetzung ist dabei immer, daß der Sicherheitsbestand einen geforderten Lieferbereitschaftsgrad sicherstellt und zwar in der Form, daß im Hinblick auf die übergeordnete Zielsetzung "Minimierung der Bestände" nur der tatsächlich erforderliche Sicherheitsbestand ermittelt wird.

Die Entwicklung eines Verfahrens, das diese Anforderungen erfüllt, erfolgt nun in zwei Schritten:

In dem ersten Schritt werden zunächst die aus den Abweichungen von Lagerabgang und Wiederbeschaffung ableitbaren Fehlmengen sowie die Gesamtfehlmenge einer Lieferung ermittelt.

Im Anschluß daran wird im zweiten Schritt unter Berücksichtigung des geforderten Lieferbereitschaftsgrades aus den Fehlmengen der Lieferungen eines Artikels die Höhe des erforderlichen Sicherheitsbestandes bestimmt.

4.2 Ermittlung der Gesamtfehlmenge einer Lieferung

4.2.1 Bestimmung der Fehlmenge aufgrund einer Lieferterminabweichung

Im folgenden sei mit $\dot{m}(t)$ der Lagerabgang pro Zeiteinheit bezeichnet und als bekannt vorausgesetzt.

Weicht nun der Zeitpunkt einer Lieferung um den Betrag

$$\Delta t = t_{ist} - t_{soll} \tag{1}$$

vom Soll-Liefertermin ab, so ergibt sich im Lager eine Mengenabweichung

$$x(t_{ist}) = f(\dot{m}, \Delta t) \tag{2a}$$

in Abhängigkeit von Lagerabgang und Lieferterminabweichung. Im Spezialfall eines konstanten Lagerabgangs läßt sich x mittels

$$x(t_{ist}) = M * \Delta t \tag{2b}$$

mit

$$M = \dot{m}(t) = const.$$

darstellen. Hierbei ist $M \leq 0$.

Ist die Mengenabweichung $x(t_{ist})$ kleiner als Null, so handelt es sich um eine Fehlmenge. Eine solche Fehlmenge aufgrund einer Lieferterminabweichung ist allgemein definiert als:

$$\Delta m_t(t_{ist}) := \begin{cases} |x(t_{ist})| & \text{für } \Delta t > 0 \\ 0 & \text{für } \Delta t \leq 0 \end{cases} \tag{3}$$

$\Delta m_t(t_{ist})$ läßt sich auffassen als Realisierung der Zufallsvariablen Δm_t, die einem Liefertermin t_{ist} die zu diesem Zeitpunkt aufgrund einer Lieferterminabweichung entstandene Fehlmenge zuordnet.

Abbildung 4-1 verdeutlicht diesen Sachverhalt noch einmal graphisch.

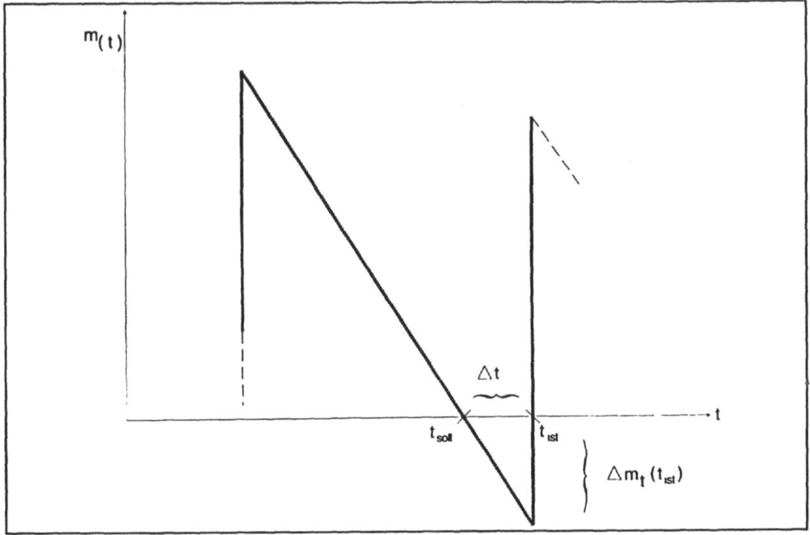

Abb. 4-1:   Ermittlung der Fehlmenge Δm_t aufgrund einer Lieferterminabweichung $(\Delta t > 0)$

4.2.2 Bestimmung der Fehlmenge aufgrund einer Mengenabweichung

Zunächst gelte die Annahme, daß zwei aufeinanderfolgende Lieferungen L_i und L_{i+1} jeweils zum richtigen Liefertermin (t_i, t_{i+1}) eintreffen. Dann ist die Mengenabweichung Y abhängig vom Lagerabgang während der Periode $T = t_{i+1} - t_i$, der tatsächlichen Liefermenge $m_{ist,i}$ zum Zeitpunkt t_i und der zu diesem Zeitpunkt noch im Lager verfügbaren Restmenge D_i. Es gilt:

$$Y(t_{i+1}) = D_i + m_{ist,i} + f(\dot{m},T) \tag{4a}$$

Im Spezialfall eines konstanten Lagerabgangs $\dot{m}(t) = M = \text{const.}$ gilt:

$$Y(t_{i+1}) = D_i + m_{ist,i} + M * T \tag{4b}$$

mit $M \leq 0$.

Hieraus ergibt sich für die aufgrund einer Mengenabweichung entstandene Fehlmenge:

$$\Delta m_m(t_{i+1}) := \begin{cases} |Y(t_{i+1})| & \text{für } Y(t_{i+1}) < 0 \\ 0 & \text{für } Y(t_{i+1}) \geq 0 \end{cases} \tag{5}$$

Unter der Annahme, daß $\dot{m}(t)$ konstant ist, entsteht die Fehlmenge aufgrund einer zu geringen Liefermenge $m_{ist,i}$. Ist $\dot{m}(t)$ nicht konstant, so gehen in diese Fehlmenge zusätzlich auch noch die Lagerabgangsschwankungen ein.

Δm_m läßt sich im übrigen wie Δm_t in Abschnitt 4.2.1 als Zufallsvariable auffassen.

Abbildung 4-2 veranschaulicht nochmals diesen Sachverhalt.

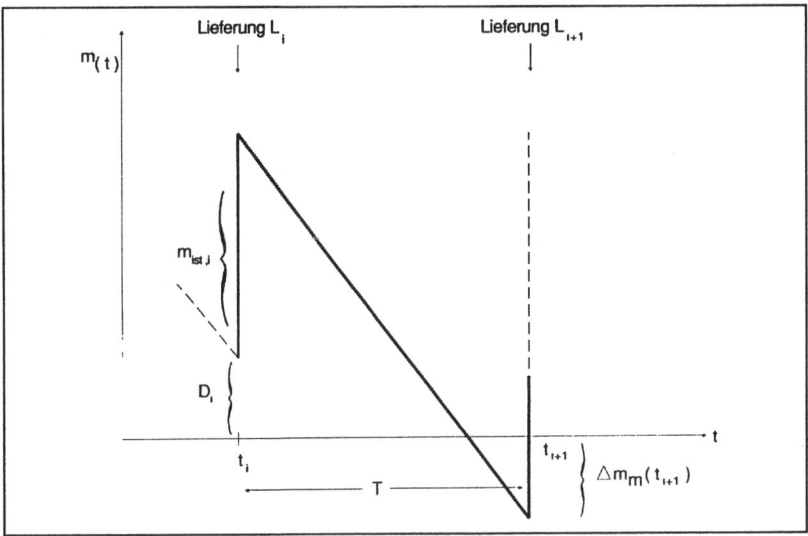

Abb. 4-2: Entwicklung der Fehlmenge Δm_m aufgrund einer Mengenabweichung (ohne Berücksichtigung von Lieferterminabweichungen)

Tritt bei der Lieferung L_i gleichzeitig eine Lieferterminabweichung um Δt_i auf, so beeinflußt dies die Höhe der Mengenabweichung Y wie folgt:

$$Y(t_{i+1}) = D_i + m_{ist,i} + g(\dot{m}, T, \Delta t_i) \tag{6a}$$

D.h., eine Lieferverzögerung führt zu einer Reduzierung der Mengenabweichung, eine Vorauslieferung führt je nach Höhe der Restmenge D_i zu einer Erhöhung der Mengenabweichung und damit gegebenenfalls zu einer höheren Fehlmenge. Für den Fall einer Lieferverzögerung um Δt_i ist dieser Sachverhalt in Abbildung 4-3 dargestellt.

Speziell für $\dot{m}(t) = M = const.$ gilt:

$$Y(t_{i+1}) = D_i + m_{ist,i} + M * (T - \Delta t_i) \qquad (6b)$$

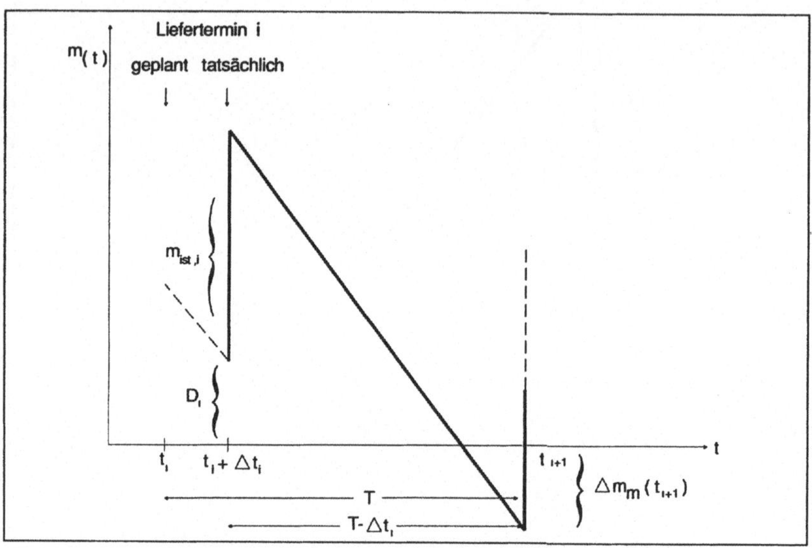

Abb. 4-3:   Ermittlung der Fehlmenge Δm_m aufgrund einer Mengenabweichung (mit Berücksichtigung einer Lieferterminabweichung)

4.2.3   Bestimmung der Gesamtfehlmenge einer Lieferung

Die Gesamtfehlmenge einer Lieferung L_i ergibt sich aus der Summe der auftretenden Fehlmengen vom Eintreffen einer Lieferung L_i bis zum Eintreffen der nächsten Lieferung L_{i+1}. Dies bedeutet, daß zu der Bestimmung der Gesamtfehlmenge jeweils zwei aufeinanderfolgende Lieferungen zu betrachten sind.

Nach dem Eintreffen der Lieferung L_i können als mögliche Fehlmengen bis zum Eintreffen der Lieferung L_{i+1} zunächst eine Fehlmenge aufgrund einer Mengenabweichung der Lieferung L_i (d.h. $\Delta m_m^{(i)} \geq 0$) und dann eine Fehlmenge aufgrund einer Lieferterminabweichung der Lieferung L_{i+1} (d.h. $\Delta m_t^{(i+1)} \geq 0$) auftreten. Diese beiden Fehlmengen ergeben additiv verknüpft die Gesamtfehlmenge einer Lieferung. Da die beiden Fehlmengen vor dem Eintreffen der Lieferung L_{i+1} auftreten, wird die Gesamtfehlmenge definitorisch der Lieferung L_i zugeordnet. Es gilt:

$$\Delta m_{ges}^{(i)} = \Delta m_m^{(i)} + \Delta m_t^{(i+1)} \tag{7}$$

Der beschriebene Zusammenhang ist in Abbildung 4-4 dargestellt.

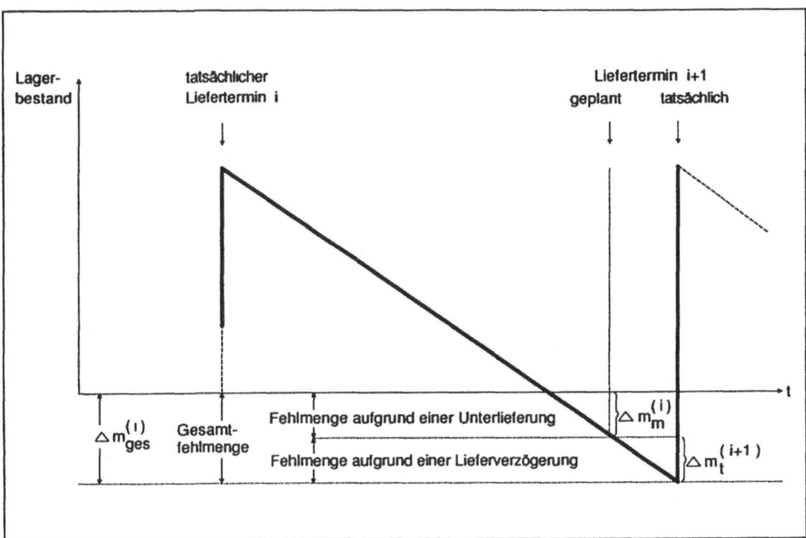

Abb. 4-4:   Bestimmung der Gesamtfehlmenge Δm_{ges} der Lieferung L_i

Betrachtet man eine Folge n aufeinanderfolgender Lieferungen, so ergeben sich hieraus n-1 Realiserungen der Zufallsvariable Δm_{ges}. Diese Zufallsvariable bezeichnet man auch als die Faltung der Zufallsvariablen Δm_m und Δm_t.

4.3   Bestimmung des erforderlichen Sicherheitsbestandes

Liegt nun für einen Artikel eine Anzahl von Realisierungen für die Gesamtfehlmenge Δm_{ges} vor, so können diese als eine Stichprobe einer diskreten oder stetigen Verteilung der Zufallsvariable Δm_{ges} betrachtet werden.

Ziel ist es nun, für den betrachteten Artikel den Sicherheitsbestand zu bestimmen, der auf lange Sicht unter Berücksichtigung des geforderten Lieferbereitschaftsgrades das Auftreten von Fehlmengen verhindert.

Im folgenden werden zunächst Vorüberlegungen zur Bestimmung des Sicherheitsbestandes durchgeführt.

4.3.1   Vorüberlegungen zur Bestimmung des Sicherheitsbestandes

Jeder Zufallsvariablen X läßt sich eine Dichtefunktion f(x) (Häufigkeitsverteilung) und eine Verteilungsfunktion F(x) zuordnen, die einer beliebigen Zahl zwischen 0 und $+\infty$ die Wahrscheinlichkeit $F(x) = P\,(X \leq x)$ zuordnet (d.h., F(x) drückt aus, mit welcher Wahrscheinlichkeit Realisierungen der Zufallsvariablen X kleiner bzw. gleich der gewählten Zahl x sind). Die Verteilungsfunktion F(x) läßt sich durch folgendes Integral darstellen:

$$F(x) \;=\; \int_{0}^{x} f(X)\; dx \qquad\qquad (8a)$$

Bezogen auf die Zufallsvariable Δm_{ges} läßt sich hieraus folgendes ableiten:

1. Aus n Lieferungen lassen sich n-1 Realisierungen der Zufallsvariablen Δm_{ges} ableiten, die einer empirischen Verteilung $f(\Delta m_{ges})$ unterliegen.

55

2. Einem bestimmten Wert Δm^{*}_{ges} läßt sich die Wahrscheinlichkeit (bzw. die "Sicherheit") $F(\Delta m^{*}_{ges})$ zuordnen, daß die Realisierungen der Variablen Δm_{ges} kleiner sind als der Wert Δm^{*}_{ges}. Es gilt:

$$F(\Delta m^{*}_{ges}) = \int_{0}^{\Delta m^{*}_{ges}} f(\Delta m_{ges})\, d\Delta m_{ges} \qquad (8b)$$

3. Interpretiert man die Wahrscheinlichkeit $F(\Delta m^{*}_{ges})$ als den geforderten Lieferbereitschaftsgrad, so läßt sich durch Lösen des Integrals und Auflösen der Gleichung nach Δm^{*}_{ges} die Gesamtfehlmenge bestimmen, die durch einen Sicherheitsbestand bei vorgegebenem Lieferbereitschaftsgrad auszugleichen ist; d.h. also, die ermittelte Gesamtfehlmenge Δm^{*}_{ges} entspricht gerade der Höhe des Sicherheitsbestandes (SB) zur Abdeckung von Lagerabgangs- und Wiederbeschaffungsschwankungen.

$$SB = \Delta m^{*}_{ges} \qquad (9)$$

In der angewandten Statistik beschreibt man eine geforderte oder ermittelte Sicherheit (als solche soll hier auch der Lieferbereitschaftsgrad verstanden werden) durch die allgemeine Form $(1-\alpha)$ (mit α als Ausfall- bzw. Irrtumswahrscheinlichkeit), für die gilt:

$$F(x_{1-\alpha}) = P(X \leq x_{1-\alpha}) = 1-\alpha \qquad (10a)$$

Ebenso läßt sich auch die bei vorgegebener Lieferbereitschaft $(1-\alpha)$ ermittelte Gesamtfehlmenge interpretieren. Analog gilt dann:

$$F(\Delta m^{*}_{ges,1-\alpha}) = 1-\alpha \qquad\qquad (10b)$$

und

$$\Delta m^{*}_{ges,1-\alpha} = SB_{1-\alpha} \qquad\qquad (10c)$$

In Abbildung 4-5 sind die Zusammenhänge nochmals graphisch dargestellt.

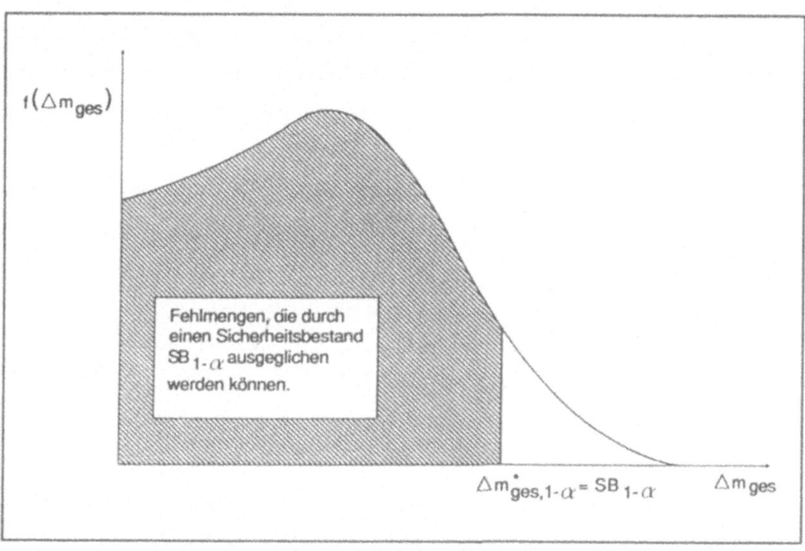

Abb. 4-5: Ermittlung der durch einen Sicherheitsbestand abzusichernden Gesamtfehlmenge bei vorgegebenem Lieferbereitschaftsgrad

Die Bestimmung des Sicherheitsbestandes $SB_{1-\alpha}$ mittels dieser Vorgehensweise führt
zu einem exakt berechenbaren Ergebnis, die Anwendung in der betrieblichen Praxis
bringt jedoch zwei wesentliche Probleme mit sich:

1. Die vorliegende Häufigkeitsverteilung $f(\Delta m_{ges})$ ist in der Regel zunächst einmal nicht bekannt. Darüber hinaus muß davon ausgegangen werden, daß in der betrieblichen Praxis ermittelte Verteilungen auftreten, die sich nicht immer durch theoretische Verteilungstypen approximieren lassen.

2. Selbst bei bekannter Häufigkeitsverteilung kann die Ermittlung der Gesamtfehlmenge $\Delta m^{*}_{ges,1-\alpha}$ mit einem erheblichen Rechenaufwand verbunden sein.

Diese beiden Probleme sollen im folgenden näher erläutert werden:

Zu 1.:

Zur Ermittlung des vorliegenden Verteilungstyps der Dichtefunktion $f(\Delta m_{ges})$ existieren im wesentlichen zwei Arten von Verfahren:

- Graphische Verfahren
- Rechnerische Verfahren

Graphische Verfahren arbeiten mit sogenannten Wahrscheinlichkeitspapieren. Mit Hilfe eines Wahrscheinlichkeitspapieres kann beurteilt werden, ob die empirische Verteilungsfunktion durch eine bestimmte theoretische Verteilung (z.B. die Normalverteilung) angenähert werden kann. Dem Wahrscheinlichhkeitspapier liegt dabei folgender Konstruktionsgedanke zugrunde:

Der Ordinatenmaßstab wird im Wahrscheinlichkeitspapier in der Weise transformiert, daß die Verteilungsfunktion zur Geraden wird. Die Werte der empirischen Verteilungsfunktion werden über den entsprechenden Klassenobergrenzen in das Wahrscheinlichkeitspapier eingetragen. Durch diese Punkte wird dann eine Ausgleichsgerade gelegt. Da die Verteilungsfunktion jeder Normalverteilung für $x = \mu$ den Wert 0,5 bzw. 50 % und für $x = \mu + \sigma^2$ ungefähr den Wert 0,84 bzw. 84 % annimmt, lassen sich aus dem Wahrscheinlichkeitspapier der Erwartungswert μ und die Standardabweichung σ der Normalverteilung bestimmten (vgl. STORM 1988, S. 177).

Wahrscheinlichkeitspapiere existieren für den Test auf Normalverteilung, auf logarithmische Normalverteilung und auf eine Weibull-Verteilung (vgl. STORM, 1988, S. 177 ff.). Die Beurteilung ist äußerst subjektiv und läßt nur eine grobe Entscheidung zu. Die Güte der Beurteilung hängt zudem stark vom Stichprobenumfang n ab und wird umso genauer, je geringer die Klassenzahl gewählt wird. Neben dem erheblichem Aufwand für die Anwendung graphischer Verfahren spricht vor allem noch die Tatsache, das hiermit nur wenige Verteilungstypen untersucht werden können, gegen einen breiteren Einsatz in der Praxis.

Zu den rechnerischen Verfahren zur Ermittlung der vorliegenden Verteilungstypen gehören als die wohl bekanntesten Verfahren

- der CHI^2-Anpassungstest und
- der Kolmogorov-Smirnoff-Test.

Der CHI^2-Anpasungstest beurteilt, ob eine vorgegebene Stichprobe aus einer Grundgesamtheit mit einer bestimmten theoretischen Verteilung, z.B. der Normalverteilung, stammt (vgl. HEINOLD/GAEDE 1972, S. 287 ff.).

Um zu entscheiden, ob der Unterschied zwischen der in der Stichprobe beobachteten und der aufgrund der Verteilungsannahme in der Stichprobe erwarteten Verteilung noch dem Zufall zugeschrieben werden kann, stellt man über die unbekannte Verteilungsfunktion der Grundgesamtheit eine Hypothese der Form Ho: $F(x) = F_o(x)$ $\forall$ $x \in \mathbb{R}$ (F_o ist die angenommene Verteilungsfunktion) auf und prüft diese anhand einer geeigneten Testfunktion. Die Testfunktion hat die Aufgabe, Abweichungen zwischen empirischer und angenommener Verteilung zum Ausdruck zu bringen.

Der CHI^2-Anpasungstest macht keine Aussage über die Parameter einer Verteilung. Er stellt lediglich fest, daß die Zufallsgröße x entsprechend der Verteilungsannahme verteilt ist. Die z.B. in der Normalverteilung enthaltenen Parameter μ und σ^2 müssen aus den Werten der Stichprobe geschätzt werden (STORM 1988, S. 184 ff.).

Ein weiterer wesentlicher Nachteil des CHI^2-Anpasungstests liegt darin begründet, daß die empirische Verteilung nur auf bekannte Verteilungstypen getestet werden kann. Unterscheidet sich die empirische Verteilungsfunktion sehr stark von den klassischen (theoretischen) Verteilungsfunktionen, ist dieser Test nicht anzuwenden.

Der Kolmogoroff-Smirnov-Test beurteilt ebenfalls die Güte der Anpassung einer erwarteten theoretischen Verteilung an eine beobachtete empirische Verteilung. Man kann also mit seiner Hilfe auch entscheiden, ob die beobachteten Stichprobenwerte aus einer Grundgesamtheit mit der angenommenen theoretischen Verteilung übereinstimmen oder nicht. Sein Vorteil gegenüber dem CHI^2-Anpassungstest liegt darin, daß er schon bei kleinen Stichprobenumfängen anwendbar ist (vgl. HEINOLD/ GAEDE 1972, S. 301 ff.)

Bezeichnet $F_o(x)$ die empirische Verteilungsfunktion und $F_e(x)$ die angenommene theoretische, so besagt die Nullhypothese, daß die Grundgesamtheit einer bestimmten Verteilung gehorcht. Bei Gültigkeit der Nullhypothese ist dann zu erwarten, daß die beobachteten absoluten Abweichungen $|F_e(x) - F_o(x)|$ der theoretischen von der empirischen Verteilungsfunktion für jeden Wert von x sehr gering sein werden.

Als Prüfgröße dient die beobachtete maximale absolute Abweichung

$$D = \max |F_e(x) - F_o(x)|.$$

Beim Kolmogoroff-Smirnov-Test gelten dieselben Nachteile wie beim CHI^2-Anpassungstest. Dieser Test gibt auch nur Auskunft darüber, wie stark die empirische Verteilung einer hypothetisch angenommenen ähnelt. Ist die empirische Verteilungsfunktion nicht unter den hypothetisch angenommenen, so erhält man zwar diese Aussage über den Test, die empirische Verteilungsfunktion bleibt aber weiterhin unbekannt (vgl. STORM 1988, S. 189 ff.).

Jeder Prüfvorgang beschränkt sich zudem nur auf einen einzigen Verteilungstyp, so daß man u.U. den Test sehr oft durchführen muß und ggfs. immer wieder die Aussage erhält, daß die empirische Verteilung der angenommenen nicht ähnelt.

Entspricht die empirische Verteilung keiner der theoretischen Verteilungstypen, so läßt sich der Kolmogoroff-Smirnov-Test nur dann erfolgreich anwenden, falls man genügend Zusatzinformationen über die empirische Verteilungsfunktion ermittelt. Dies ist mit weiteren Untersuchungen, z.B. Parameterschätzungen, möglich. Durch Kombination dieser Verfahren lassen sich dann Aussagen über die empirische Verteilungsfunktion ableiten, der Aufwand ist jedoch erheblich.

Zu 2.:

Kann die Verteilungsfunktion ermittelt werden, so ist sie in die Gleichung (8b) einzusetzen und $\Delta m^{*}_{ges,1-\alpha}$ zu berechnen. Handelt es sich bei der Verteilungsfunktion um ein Polynom, so ist eine Lösung häufig nur mit Hilfe numerischer Verfahren möglich. Bei solchen iterativen Verfahren besteht die Gefahr, daß durch unglückliche Wahl des Startwertes für $\Delta m^{*}_{ges,1-\alpha}$ die Folge divergiert (vgl. STOER 1989, S. 253 f.).

Alle Näherungsverfahren benötigen jedoch die Erfüllung von sogenannten Konvergenzbedingungen. Es ist somit erforderlich, zunächst einen guten Startwert für die Anwendung eines Näherungsverfahrens zu berechnen. Diese Suche nach Startwerten ist ebenfalls mit einem erheblichen Rechenaufwand verbunden (vgl. ZURMÜHL 1965, S. 14 ff.).

Aufgrund der begrenzten Anwendbarkeit der beschriebenen Verfahren einerseits sowie des erheblichen Rechenaufwandes andererseits erscheint eine exakte Berechnung des Sicherheitsbestandes in der betrieblichen Praxis nicht durchführbar.

Die Anwendung dieser Testverfahren könnte zudem beim Praktiker suggerieren, einen exakten Sicherheitsbestand zu berechnen, obwohl Abweichungen zwischen angenommener und empirischer Verteilungsfunktion zugelassen werden und sich dann u.U. auch in den Ergebnissen niederschlagen werden.

Es ist daher erforderlich, ein praktikables Verfahren zu entwickeln, daß mit geringstmöglichem Rechenaufwand akzeptable Ergebnisse über die Höhe des vorzuhaltenden Sicherheitsbestandes ermittelt.

4.3.2　　Entwicklung eines Verfahrens zur Bestimmung des Sicherheits-

bestandes

Angesichts der Nachteile der im letzten Abschnitt angegebenen Verfahren ist nun ein Verfahren zu entwickeln, das den Anforderungen der Praxis besser genügt. Die Entwicklung des Verfahrens erfolgt in zwei Schritten:

1. Zunächst wird die zu erwartende mittlere Gesamtfehlmenge eines Artikels, im folgenden einfach als zu erwartende mittlere Fehlmenge bezeichnet, bestimmt.

2. Im Anschluß daran wird unter Berücksichtigung des geforderten Lieferbereitschaftsgrades der einseitige Konfidenzbereich um diese zu erwartende mittlere Fehlmenge ermittelt. Die obere Grenze dieses Konfidenzbereichs gibt dann gerade die Höhe des bei dem vorgegebenen Lieferbereitschaftsgrad erforderlichen Sicherheitsbestandes an.

Im folgenden werden die beiden Schritte erläutert.

4.3.2.1　　Ermittlung der zu erwartenden mittleren Fehlmenge

Die zu erwartende mittlere Fehlmenge einer Fehlmengenverteilung wird mit Hilfe des Erwartungswertes ermittelt. In der Praxis ist hierfür der arithmetische Mittelwert der Verteilung ein einfacher und daher häufig angewendeter Schätzer (vgl. HUHNDORF 1991, S. 62). Da der arithmetische Mittelwert jedoch nur bei symmetrischen Verteilungen einen geeigneten Schätzer darstellt, vielen empirischen Verteilungen, wie in Kapitel 3 bereits beschrieben, jedoch auch asymmetrische Verteilungstypen zugrundeliegen, ist von der Anwendung des arithmetischen Mittelwertes abzusehen und ein geeigneterer Schätzer für die zu erwartende mittlere Fehlmenge zu bestimmen.

Hierfür bieten sich, zumindest bei Vorliegen eines theoretischen Verteilungstyps, die verteilungsspezifischen Schätzer für den Erwartungswert an. Abbildung 4-6 zeigt verteilungsspezifische Schätzer für einige häufig auftretenden Verteilungen.

Voraussetzung für die Anwendung dieser Schätzer ist es, den Verteilungstyp der empirischen Verteilung der vorliegenden Stichprobe durch ein entsprechendes Test-Verfahren, wie z.B. den CHI^2-Anpassungstest oder den Kolmogoroff-Smirnov-Test, zu bestimmen. Hiervon soll aufgrund der bereits in Abschnitt 4.3.1 angesprochenen begrenzten Einsetzbarkeit dieser Verfahren sowie des erheblichen, mit der Anwendung verbundenen Aufwandes abgesehen werden.

Zu besseren Ergebnissen als der arithmetische Mittelwert kommt insbesondere bei asymmetrischen Verteilungen der Median, da dieser gegenüber Ausreißern in den Stichprobendaten unempfindlicher und wegen seiner relativ einfachen Berechenbarkeit dem arithmetischen Mittelwert überlegen ist (vgl. HARTUNG u.a. 1988, S. 826). Er berechnet sich als der Parameter einer Verteilung, bei dem die Wahrscheinlichkeit, daß die Fehlmenge Werte annimmt, die kleiner oder größer sind als er selbst, gleich groß, d.h. 0,5 bzw. 50 % ist. Bei symmetrischen Verteilungen sind arithmetischer Mittelwert und Median identisch. ZÖFEL (1985, S. 45) kommt daher zu dem Schluß, daß der Median den arithmetischen Mittelwert bei asymmetrischen Verteilungen ersetzt.

Die zu erwartende mittlere Fehlmenge einer Fehlmengenverteilung wird daher durch den Median approximiert.

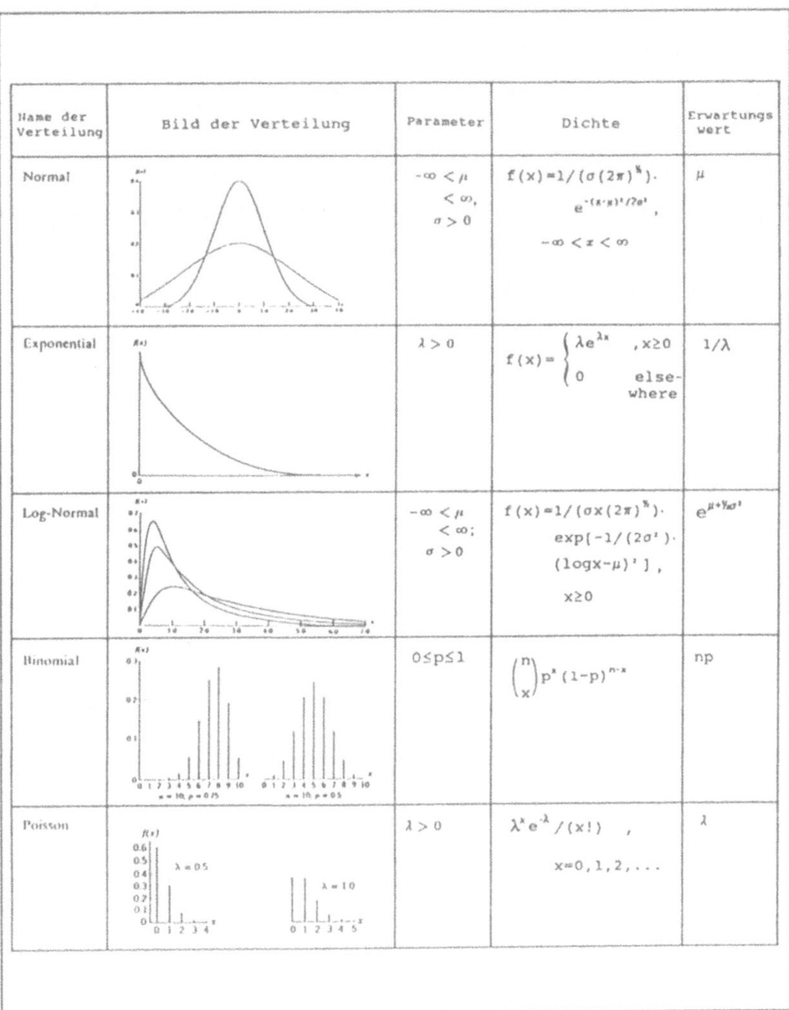

Abb. 4-6: Schätzer für den Erwartungswert einiger häufig auftretenden Verteilungen (vgl. HAHN, SHAPIRO 1967; SACHS 1984)

4.3.2.2 Berechnung des erforderlichen Sicherheitsbestandes

Um den erforderlichen Sicherheitsbestand bestimmen zu können, ist nun die Fehlmenge zu ermitteln, die mit einer vorgegebenen Wahrscheinlichkeit $1-\alpha$ nicht überschritten wird (vgl. hierzu auch Abschnitt 4.3.1). Diese Fehlmenge stellt gerade die obere Vertrauensgrenze eines einseitigen Konfidenzbereiches um den Median dar (vgl. SACHS 1984, S. 201). Der einseitige Konfidenzbereich ist hier deshalb gegenüber dem zweiseitigen Konfidenzbereich von größerem Interesse, da die Fehlmenge ermittelt werden soll, die über die zu erwartende mittlere Fehlmenge hinaus durch einen Sicherheitsbestand abgesichert werden muß, um die geforderte Lieferbereitschaft zu gewährleisten (vgl. Abbildung 4-7).

Die Ermittlung der oberen Vertrauensgrenze des einseitigen Konfidenzbereiches um die zu erwartende mittlere Fehlmenge erfolgt mit Hilfe des Zeichentests bzw. Vorzeichentests (vgl. HUHNDORF 1991, S. 66).

Der Zeichentest ist ein nichtparametrisches Testverfahren, das leicht anzuwenden ist und nur geringen Rechenaufwand erfordert. Es stellt nur geringe Anforderungen an die zugrundeliegende Verteilung. Selbst unter der Voraussetzung, daß eine Verteilung vorliegt, auf die ein parametrisches Verfahren optimal angewendet werden kann, ist der Effizienzverlust bei Anwendung des Zeichentests nur gering (vgl. BÜNING 1978, S. 14 u. S. 253).

Die Vorgehensweise beim Zeichentest ist dadurch gekennzeichnet, daß mit seiner Hilfe Schwellenwerte abgeleitet werden (vgl. MÜLLER 1983, S. 327; BAMBERG/-BAUR 1989, S. 205 ff.).

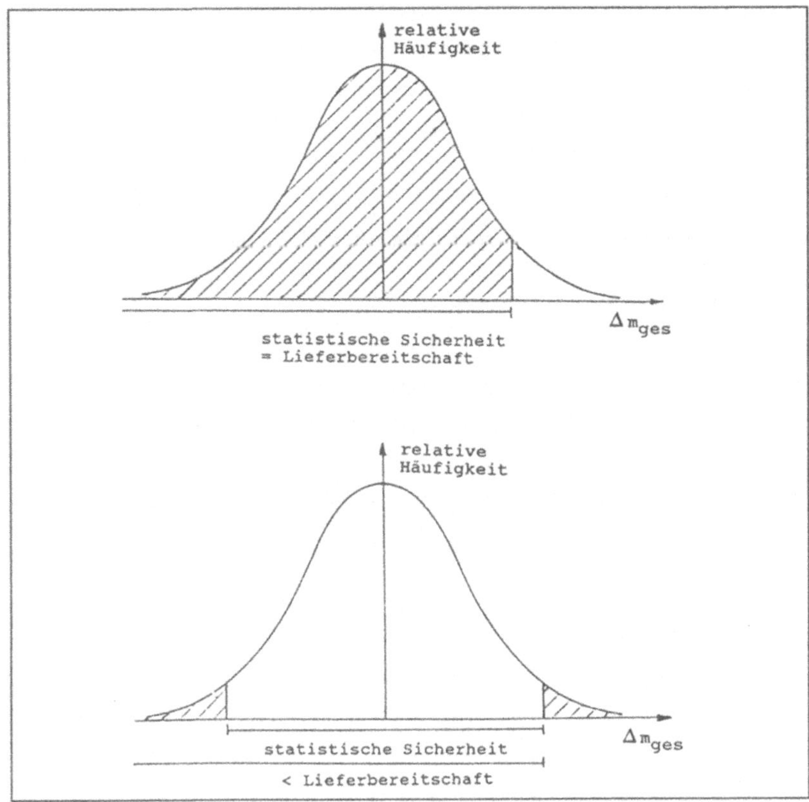

Abb. 4-7: Gegenüberstellung von einseitigem und zweiseitigem Konfidenzbereich (HUHNDORF 1990, S. 63)

Diese Schwellenwerte können unter Angabe des Stichprobenumfangs n sowie des Lieferbereitschaftsgrades 1-α durch eine Näherungsformel berechnet werden. Die Formel für den Schwellenwert "K" läßt sich wie folgt angeben:

$$K = \frac{1}{2} \left(n - 1 - n^{\frac{1}{2}} * \mu_{1-\alpha} \right) \tag{11}$$

wobei: n $:=$ Stichprobenumfang

$\mu_{1-\alpha}$ $:=$ $(1-\alpha)$ Quantil der Normalverteilung mit Erwartungswert 0 und Varianz 1 (N(0, 1))

(vgl. STANGE 1970, S. 484; BOSCH 1987, S. 185).

Die Berechnung der oberen Grenze des Konfidenzbereiches "K_0" ergibt sich dann unter Verwendung von "K" folgendermaßen:

Die n-Realisierungen einer empirischen Fehlmengenverteilung werden in aufsteigender Reihenfolge geordnet. Mit Hilfe der vorgenannten Formel wird dann der Wert K_0 ermittelt mit:

$$K_0 = n - [K] \tag{12}$$

wobei: $[K] :=$ kleinste ganze Zahl größer als K.

Die Stelle K_0 wird in der aufsteigenden Reihe der geordneten Fehlmengen abgezählt. Der an der Stelle K_0 stehende Wert der Gesamtfehlmenge stellt dann die obere Grenze des Konfidenzbereichs dar.

Die Berechnung von K_0 ist für verschiedene Stichprobenumfänge n und unterschiedliche Lieferbereitschaftsgrade $(1-\alpha)$ in einer Tabelle im Anhang aufgeführt.

Folgendes Beispiel soll letztgenannte Ausführungen erläutern:

Für einen Stichprobenumfang von n = 30 und einen Lieferbereitschaftsgrad von 97,5 % ergibt sich nach der Tabelle im Anhang, daß der 21. Wert der aufsteigenden geordneten Stichprobe die obere Grenze des Konfidenzintervalls darstellt.

Ähnliche Tabellen, jedoch in der Regel für den zweiseitigen Konfidenzbereich, finden sich bei SACHS (1982, S. 248 f.), STANGE (1970, S. 485), MAC KINNON (1964, S. 937 ff.) und in der DOCUMENTA GEIGY (1968, S. 104 ff.).

Die Nutzung dieses Schwellenwertes zur Bestimmung der oberen Grenze des einseitigen Konfidenzbereiches ist an gewisse Voraussetzungen gebunden, die auf die Anwendung des Zeichentests zurückzuführen ist (vgl. STANGE 1970, S. 481, 484; STORM 1988, S. 254 ff.; BOSCH 1987, S. 186 ff.).

Bei der Verwendung des Zeichen- bzw. Vorzeichentests wird bei Anwendung der beschriebenen Näherungsformel davon ausgegangen, daß

1. der Umfang der Stichprobe n $\geq$ 36 und
2. die zugrundegelegte Verteilung stetig ist.

Für Stichproben mit n $\geq$ 36 leitet STANGE die oben genannte Approximation an die exakte Berechnungsmethode für den Wert K her. Bezüglich der Genauigkeit der Approximation sagt er aus, daß der Unterschied zwischen dem exakten Wert sowie der Approximation für praktische Zwecke nicht von Belang ist (vgl. STANGE 1970, S. 484).

HUHNDORF vergleicht für n < 36 die mit obiger Formel berechneten Werte mit denen der exakten Formel und kommt zu dem Schluß, daß nur sehr marginale Abweichungen auftreten, die für die betriebliche Praxis ebenfalls vernachlässigbar erscheinen (vgl. HUHNDORF 1991, S. 69).

Er begründet dies damit, daß die so ermittelten Mengen zunächst nur theoretische Größen sind, die in der Praxis noch auf entsprechende praktikable Einheiten (z.B. Ladeeinheiten, Paletten, Verkaufseinheiten) gerundet werden müsen. Die Annahme einer stetigen Lagerabgangsverteilung stellt nach HUHNDORF (1991, S. 69) ebenfalls keine Einschränkung dar. Er erklärt, daß diskrete Mengeneinheiten (z.B. Stück) transformiert werden, so daß die Berechnung der notwendigen Schwellenwerte zunächst in der stetigen Einheit "Gewicht" erfolgen und anschließend wieder in die diskreten Stückzahlen retransformiert werden kann.

Zu ähnlichen Ergebnissen kommen auch BROWNLEE (1961, S. 182) und PUTTER (1955, S. 369). BROWNLEE führt aus:

> "The sign test assumes that the underlying distributions are continuous and hence the probability of a tie occurring, giving rise to a zero difference, is zero. However, in practice all continuous measurements are only recorded to a finite number of decimal places, and ties may occur. The best procedure when this happens is to delete the ties from all consideration".

Somit erscheint es gerechtfertigt, die aufgezeigte Näherungsformel uneingeschränkt zu benutzen.

Lediglich bei Artikeln, die nur in sehr großen Mengeneinheiten beschafft werden können, sollten vor Nutzung der aus der Anwendung der Näherungsformel folgenden Ergebnisse die aufsteigend geordneten Werte der Zeitreihe der betreffenden Artikel kontrolliert werden, um die ungünstigen Einflüsse von Sprungstellen zu vermeiden.

Für einen Artikel mit 20 Realisierungen der Fehlmengenverteilung, die sich aufsteigend geordnet, wie folgt darstellen lassen:

```
0    0    0    0    0     0     0     0     0     0
0    0    0    0   100   100   200   200   200   200
```

würde nach der Näherungsformelfür eine Lieferbereitschaft von 90 % der 14. Wert (=0) und für eine Lieferbereitschaft von 95 % der 15. Wert (=100) die zu lagernde Menge angeben (vgl. Anhang). In diesen Fällen ist die Entscheidung des Disponenten gefordert, der mit seinen spezifischen Kenntnissen über z.B. die Marktstrategie des Unternehmens entscheiden muß, in welcher Höhe ein Sicherheitsbestand für diese Artikel vorzuhalten ist.

4.3.3 Maßnahmen zur Minimierung des erforderlichen Sicherheitsbestandes

Das in Abschnitt 4.3.2 entwickelte Verfahren berechnet unter Berücksichtigung der Verteilung der Gesamtfehlmenge sowie unter Berücksichtigung des vorgegebenen Lieferbereitschaftsgrades den hierfür minimal erforderlichen Sicherheitsbestand.

Liegen jedoch zusätzlich noch Informationen über die Entstehungsursachen dieser Gesamtfehlmenge vor, d.h. insbesondere über die Verteilung der Fehlmengen aufgrund einer Mengenabweichung bzw. Lieferterminabweichung, so kann der Sicherheitsbestand durch organisatorische Regelungen gegebenenfalls noch weiter vermindert werden. Diese Möglichkeiten werden im Folgenden erörtert.

Ausgangspunkt der Betrachtung ist die zu erwartende mittlere Fehlmenge der Gesamtfehlmengenverteilung. Da die Gesamtfehlmenge sich aus den Fehlmengen aufgrund einer Mengenabweichung und aufgrund einer Lieferterminabweichung ergibt und diese Fehlmengen ebenfalls als Zufallsvariablen mit einer entsprechenden empirischen Verteilung interpretiert werden können, läßt sich nach dem Additionssatz für Erwartungswerte zwischen den zu erwartenden Fehlmengen dieser drei Zufallsvariablen folgender Zusammenhang aufstellen (vgl. KREYSZIG 1982, S. 153; SACHS 1984, S. 70):

$$E(\Delta m_{ges}) = E(\Delta m_t) + E(\Delta m_m) \tag{13}$$

Die zu erwartenden mittleren Fehlmengen aufgrund einer Mengenabweichung und aufgrund einer Lieferterminabweichung lassen sich nach den Überlegungen in Abschnitt 4.3.2.1 ebenfalls durch die entsprechenden Mediane approximieren.

Unter Ausnutzung dieser Beziehung läßt sich der Sicherheitsbestand SB auch folgendermaßen ausdrücken:

$$SB = E(\Delta m_{ges}) + KS = E(\Delta m_t) + E(\Delta m_m) + KS \qquad (14)$$

KS bezeichnet die obere Konfidenzspanne, die sich aus der Differenz von oberer Grenze des einseitigen Konfidenzbereiches und zu erwartender mittlerer Fehlmenge der Gesamtfehlmengenverteilung ergibt (vgl. SACHS 1984, S. 201).

Sind die zu erwartenden mittleren Fehlmengen aufgrund einer Mengenabweichung und aufgrund einer Lieferterminabweichung von Null verschieden, so läßt sich der Sicherheitsbestand durch folgende Maßnahmen vermindern:

4.3.3.1 Vorziehung des Soll-Liefertermins

Für die zu erwartende mittlere Fehlmenge aufgrund einer Lieferterminabweichung gilt, daß 50 % der aufgrund einer Lieferterminabweichung auftretenden Fehlmengen größer bzw. gleich und 50 % kleiner bzw. gleich dieser mittleren Fehlmenge sind.

Betrachtet man die Verteilung der Lieferterminabweichungen direkt, so läßt sich in Analogie zu obiger Fehlmenge eine zu erwartende mittlere Lieferterminabweichung $E(\Delta t)$ approximiert durch den Median dieser Verteilung bestimmen, für die gilt, daß 50 % der auftretenden Lieferterminabweichungen kleiner bzw. gleich und 50 % größer bzw. gleich dieser mittleren Lieferterminabweichung sind.

Unter der Annahme, daß der Lagerabgang pro Zeiteinheit für einen Artikel nicht zu stark schwankt, läßt sich nach Gleichungen (2b) und (3) zwischen mittlerer Lieferterminabweichung und mittlerer Fehlmenge aufgrund einer Lieferterminabweichung folgende Beziehung aufstellen:

$$E(\Delta m_t) = |\dot{m}(t)| \, * \, E(\Delta t) \qquad\qquad (15a)$$

und mit $\dot{m}(t) = M = const$ gilt:

$$E(\Delta m_t) = |M| \, * \, E(\Delta t) \qquad\qquad (15b)$$

Aus dieser Beziehung läßt sich folgende Maßnahme ableiten:

Zieht man den Soll-Liefertermin um die zu erwartende mittlere Lieferterminabweichung Δt vor den Bedarfstermin (bzw. den geplanten Soll-Liefertermin) vor, so könnte durch diese Maßnahme in 50 % der Lieferungen eine Fehlmenge aufgrund einer Lieferterminabweichung (bezogen auf den Bedarfstermin bzw. den jetztigen Soll-Liefertermin) vermieden werden. Für die restlichen 50 % würde die Fehlmenge sich anteilig um den Betrag der mittleren Fehlmenge aufgrund einer Lieferterminabweichung vermindern.

Dies bedeutet jedoch, daß gleichzeitig der erforderliche Sicherheitsbestand um den Betrag der zu erwartenden mittleren Fehlmenge aufgrund einer Lieferterminabweichung vermindert werden kann.

Diesen Vorgang bezeichnet man in der Statistik auch als lineare Transformation einer Verteilung, wobei es sich in dem vorliegenden Fall um eine Nullpunktverschiebung handelt (vgl. HARTUNG 1988, S. 109; KREYSZIG 1973, S. 97). Abbildung 4-8 verdeutlicht diesen Vorgang noch einmal graphisch.

Die zu erwartende mittlere Lieferterminabweichung wird in diesem Zusammenhang als Vorlaufzeit bezeichnet.

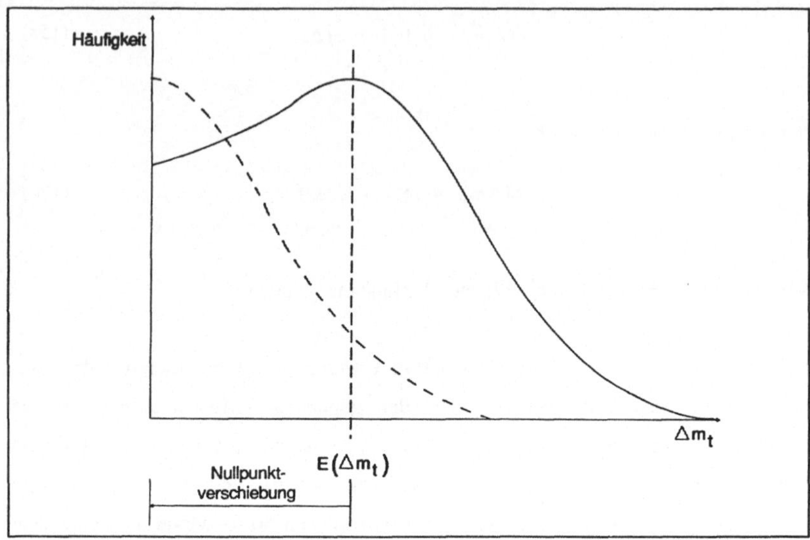

Abb. 4-8: Nullpunktverschiebung der Fehlmengenverteilung aufgrund einer Lieferterminabweichung

4.3.3.2 Erhöhung der Soll-Liefermenge

Das in Abschnitt 4.3.3.1 beschriebene Vorgehen bezüglich der zu erwartenden mittleren Fehlmenge aufgrund einer Lieferterminabweichung läßt sich ebenso auf die zu erwartende mittlere Fehlmenge aufgrund einer Mengenabweichung übertragen.

Die zu erwartende mittlere Fehlmenge aufgrund einer Mengenabweichung sagt aus, daß die Wahrscheinlichkeit, daß die Fehlmenge einer Lieferung aufgrund einer Mengenabweichung kleiner oder größer als die zu erwartende mittlere Fehlmenge ist, gleich groß, d.h. also 0,5 bzw. 50 %, ist.

Der Sicherheitsbestand läßt sich durch Erhöhung der Soll-Liefermenge um eine Zusatzmenge ΔZ um den Betrag der zu erwartenden mittleren Fehlmenge aufgrund einer Mengenabweichung vermindern.

Um bei einer Folge von Lieferungen mit nur geringen Fehlmengen aufgrund einer Mengenabweichung jedoch einen vorübergehenden Aufbau von Beständen zu vermeiden, darf die Zusatzmenge ΔZ_{i+1} für die Lieferung L_{i+1} nicht pauschal dem Betrag der mittleren Fehlmenge aufgrund einer Mengenabweichung gleichgesetzt werden. Die Bestimmung von ΔZ_{i+1} muß vielmehr berücksichtigen, inwieweit die Liefermenge der letzten Lieferung durch den Lagerabgang in Anspruch genommen wurde, d.h., wie die Restmenge D_i der letzten Lieferung ausfällt. Die Höhe der Zusatzmenge ΔZ_{i+1} ergibt sich also aus dem Differenzbetrag zwischen der Höhe der mittleren Fehlmenge aufgrund einer Mengenabweichung und der Restmenge D_i der letzten Lieferung L_i. Es gilt:

$$Z_{i+1} = E(\Delta m_m) - D_i \tag{16}$$

$$\Delta Z_{i+1} := \begin{cases} Z_{i+1} & \text{für } Z_{i+1} > 0 \\ 0 & \text{für } Z_{i+1} \leq 0 \end{cases} \tag{17}$$

Diese Maßnahme führt zu einer Nullpunktverschiebung der Fehlmengenverteilung aufgrund einer Mengenabweichung, d.h. der Sicherheitsbestand kann um den Betrag der zu erwartenden mittleren Fehlmenge aufgrund einer Mengenabweichung reduziert werden.

Bei gleichzeitiger Anwendung beider Maßnahmen kann der erforderliche Sicherheitsbestand um den Betrag der mittleren Fehlmengen aufgrund einer Lieferterminabweichung und einer Mengenabweichung bzw. nach Gleichung (14) um den Betrag der mittleren Fehlmenge der Gesamtfehlmengenverteilung reduziert werden. Der reduzierte Sicherheitsbestand SB_R entspricht dann der oberen Konfidenzspanne KS:

$$SB_R = KS \tag{18}$$

Bei Anwendung einer kostenoptimalen Bestellpolitik auf der Basis eines Lagerhaltungsmodells sind beide Maßnahmen wirkungslos. D.h., einer Verringerung des Sicherheitsbestandes steht eine Erhöhung des Bestellauslösebestandes gegenüber. Die Höhe des Gesamtbestandes ändert sich hierdurch nicht.

5. Praktische Anwendung des Verfahrens (DISKOVER II)

Im vorangegangenen Kapitel wurde die theoretische Vorgehensweise zur Berechnung von Sicherheitsbeständen eingehend dargestellt.

Ziel dieses Kapitels ist es nun, die praktische Anwendbarkeit des vorgestellten Verfahrens anhand einer in zwei Unternehmen durchgeführten Untersuchung von insgesamt 250 Artikeln zu demonstrieren.

Hierzu wurde das Verfahren als PC-lauffähiges Programm unter dem Namen DISKOVER II (**DIS**position mit Hilfe von **KO**nfidenzbereichen unter Berücksichtigung der tatsächlichen **VER**teilungen von Lagerabgang und Wiederbeschaffung) realisiert. DISKOVER II stellt eine Erweiterung des von HUHNDORF entwickelten Programms DISKOVER (I) dar, das die Bestimmung von Grund- und Sicherheitsbeständen unter Berücksichtigung der tatsächlichen Lagerabgangsverteilung unterstützt (vgl. HUHNDORF 1991).

DISKOVER II wurde nun in einem Industrieunternehmen und einem Handelsunternehmen eingesetzt. Im Rahmen der Ergebnisdarstellung erfolgt in Abschnitt 5.1 zunächst eine kurze Charakterisierung der beiden Unternehmen, in denen der Einsatz von DISKOVER II erprobt wurde. Anschließend werden dann die Ergebnisse der Anwendung exemplarisch erläutert.

5.1 Beschreibung der Unternehmen

Bei der Auswahl von für die Untersuchung relevanten Unternehmen galt es, möglichst heterogene Einsatzbedingungen des Verfahrens zu generieren, um so der Forderung nach einer umfassenden Anwendbarkeit von DISKOVER II Rechnung zu tragen.

Aus diesem Grunde handelt es sich bei den beiden Unternehmen, die im folgenden als "Unternehmen A" und "Unternehmen B" gekennzeichnet sind, um Unternehmen unterschiedlicher Branchenzugehörigkeit und Fertigungstiefe, die sich zudem auch hinsichtlich des Anwendungsstandes computergestützter Dispositionsverfahren deutlich voneinander unterscheiden.

Das Unternehmen A fertigt ein großes Spektrum von elektronischen Aggregaten und arbeitet vertriebsseitig auf einer breiten Distributionsbasis mit einer fachhandelsorientierten Vertriebspolitik.

Die über 1.000 Erzeugnisvarianten setzen sich aus insgesamt ca. 4.000 Teilen mit einem Eigenfertigungsanteil zwischen 10 und 33 % bezogen auf ein Enderzeugnis zusammen.

Das Fertigungsprogramm wird mit einem Vorlauf von ca. 2 Monaten "eingefroren", so daß beschaffungsseitig bedarfsorientiert auf der Basis von Lieferabrufen disponiert werden kann.

Primäres Ziel der bedarfsorientierten Disposition ist es dabei, die Lagerbestände so gering wie möglich zu halten, um die Gefahr einer Verschrottung von eingelagerten Teilen aufgrund der häufig auftretenden konstruktiven Änderungen zu minimieren.

Wiederbeschaffungs- und Lagerabgangsschwankungen werden dabei heute weitgehend durch die Vorziehung des Liefertermins um eine bestimmte Vorlaufzeit vor den eigentlichen Bedarfstermin ausgeglichen.

Die Vorlaufzeiten werden differenziert nach Teilegruppen auf der Basis der Erfahrungen der Disponenten festgelegt. Hierdurch ergeben sich bei regelmäßiger (z.B. täglicher bzw. wöchentlicher) Belieferung aufgrund der Vorziehung zum Teil wieder erhebliche Bestände. Der Abbau dieser Bestände bei Auftreten einer konstruktiven Teileänderung erfolgt durch sogenannte Übergangsregelungen.

Vor dem Hintergrund dieser Situation wurde das vorliegende Verfahren eingesetzt, um genauere Aussagen über die Vorlaufzeit sowie über möglicherweise sinnvolle Sicherheitsbestände je Teil zu gewinnen.

Das Unternehmen B kennzeichnet ein bekanntes Handelsunternehmen, das bundesweit ein breites Sortiment von Artikeln des Tiefkühlkostsegements vertreibt. Die Belieferung des Unternehmens B erfolgt aufgrund von Einzelbestellungen und derzeit ohne EDV-Unterstützung.

Die Lagerung der gelieferten Ware erfolgt in einem mehrere Tiefkühlhäuser umfassenden Zentrallager und ist daher mit sehr hohen Lagerhaltungskosten verbunden. Dies dokumentiert bereits die sich in einem computergestützten Dispositionssystem zur Berechnung der tatsächlich erforderlichen Sicherheitsbestände verbergenden Einsparungspotentiale. Eine erfolgversprechende Realisierung der hier vorgestellten Vorgehensweise gewinnt angesichts des von dem Unternehmen B innerhalb der nächsten 3 bis 4 Jahre angestrebten Umsatzwachstums und der damit verbundenen Überlegungen zur Erweiterung der Lagerkapazität zusätzlich an Bedeutung.

5.2 Diskussion der Ergebnisse

5.2.1 Ergebnisse für Unternehmen A

Von Unternehmen A wurde für die Untersuchung Datenmaterial des Jahres 1989 für 100 als repräsentativ für das bestehende Teilespektrum ausgewählte Teile zur Verfügung gestellt. Hierzu gehörten 5 A-Teile, 25 B-Teile und 70 C-Teile[1]. Da alle Teile bedarfsorientiert disponiert werden, konnten mögliche Fehlmengen aufgrund von Lagerabgangsschwankungen von vornherein ausgeschlossen (bzw. vernachlässigt) werden. Die ermittelten Fehlmengen wurden also voll als durch Wiederbeschaffungsschwankungen verursacht betrachtet. Zur Ermittlung der auftretenden Liefertermin-abweichungen wurde angenommen, daß der derzeit geplante Soll-Liefertermin einer Lieferung auch der Bedarfstermin ist. Mengenabweichungen konnten aufgrund obiger Annahme direkt aus dem Vergleich von Soll- und Ist-Liefermenge abgeleitet werden.

---

[1] Der Einteilung des Teilespektrums in A-, B- und C-Teile liegt eine ABC-Analyse mit dem Koordinaten "Anteil am Einkaufsumsatz" (Abzisse) über "Anteil am Teilespektrum" (Ordinate) zugrunde.

Mit Hilfe des CHI^2-Anpassungstests wurde zunächst geprüft, inwieweit die Verteilungen der Gesamtfehlmenge einem theoretischen Verteilungstyp zugeordnet werden konnte. Dabei stellte sich heraus, daß 44 % der empirischen Verteilungen keinem theoretischen Verteilungstyp entsprachen, während 56 % der Verteilungen als annähernd normal-, lognormal- bzw. exponentialverteilt identifiziert werden konnten. Abbildung 5-1 zeigt beispielhaft eine nicht einem theoretischen Verteilungstyp zuzuordnende empirische Verteilung.

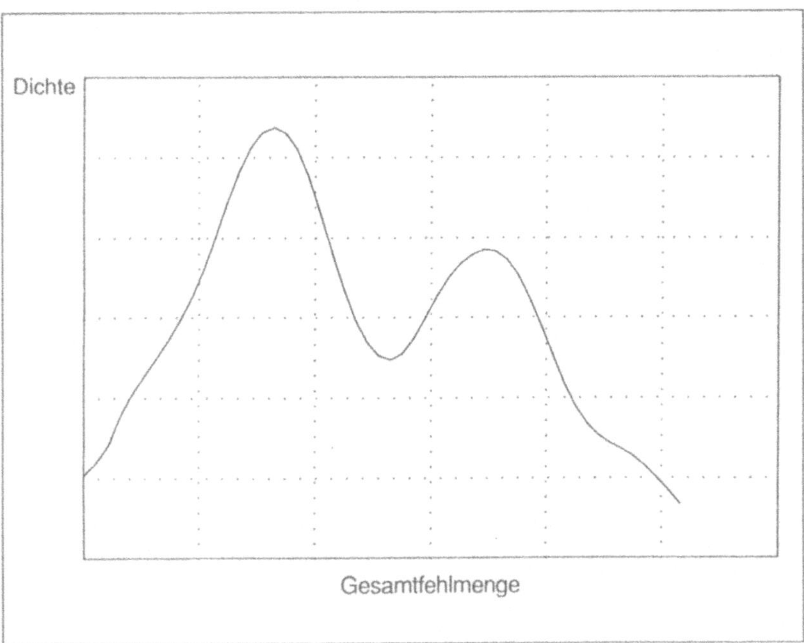

Abb. 5-1:   Beispiel einer empirischen, nicht einem theoretischen Verteilungsstyp zuzuordnenden Verteilung

Die weitere Analyse der Fehlmengenverteilungen zeigt bei 13 Teilen eine im Sinne des Medians positive, zu erwartende mittlere Fehlmenge.

Dieser zunächst gering anmutende Anteil am betrachteten Teilespektrum verwundert bei eingehender Betrachtung nicht weiter, da er bedeutet, daß bei diesen Teilen in mehr als 50 % der Lieferungen eine Fehlmenge entsteht. Es zeigte sich, daß diese Teile nur geringwertige C-Teile waren, da sonst eine Lieferabweichung bei einem Anteil von mehr als 50 % der Lieferungen sicherlich zu einem umgehenden Wechsel des Lieferanten geführt hätte.

Während die Betrachtung der mittleren Fehlmengen von dem zugrundegelegten Lieferbereitschaftsgrad unabhängig ist, zeigt dieser eine deutliche Auswirkung auf die obere Konfidenzspanne der teilebezogenen Fehlmengenverteilungen und damit auch auf die erforderlichen Sicherheitsbestände.

Abbildung 5-2 faßt die Auswirkung des Lieferbereitschaftsgrads auf die mit DISKO-VER II berechneten Sicherheitsbestände zusammen, wobei eine Berechnung der Sicherheitsbestände für drei alternative Lieferbereitschaftsgrade von 90, 95 und 99 Prozent erfolgte:

Es wird deutlich, daß sich die Summe der Sicherheitsbestände über alle betrachteten 100 Teile bei einem Übergang von 90 auf 99 % Lieferbereitschaft mehr als ver-doppelt (Steigerungsrate von 147,5 %). Dementsprechend reduziert sich der Anteil der Teile, bei denen DISKOVER II keinen Sicherheitsbestand zur Vermeidung von Fehlmengen vorsieht, von 64,67 % bei einem Lieferbereitschaftsgrad von 90 % auf 40,67 % bei einem Lieferbereitschaftsgrad von 99 %.

Im Rahmen der weiteren Darstellung der Untersuchungsergebnisse wird ein Lieferbe-reitschaftsgrad von 95 % zugrundegelegt, bei dem DISKOVER II über 44 % der Artikel einen Sicherheitsbestand von kumuliert 3.368 Stück ermittelt. Für die übrigen Teile (56 %) ist kein Sicherheitsbestand zu bevorraten. Dies ist einerseits auf geringe Beschaffungsschwankungen zurückzuführen sowie andererseits auf die Tatsache, daß bei geringwertigen C-Artikeln auch Zeitspannen, wie z.B. eine Kalenderwoche als "Liefertermin" vereinbart wurden.

```
Lieferbereitschaftsgrad        90,00%      95,00%        99,00%
-----------------------------------------------------------------
Anteil Artikel mit SB>0        35,33%      44,00%        59,33%

Anteil Artikel mit SB<0        64,67%      56,00%        40,67%
-----------------------------------------------------------------
                              100,00%     100,00%       100,00%

Summe SB's  [Stück]             2.326       3.386         5.758
```

Abb. 5-2:   Einfluß des Lieferbereitschaftsgrades auf die fehlmengenbezogenen Sicherheitsbestände

Abbildung 5-3 gibt einen Überblick über die mittleren Fehlmengen, die oberen Konfidenzspannen sowie die hieraus abzuleitenden Sicherheitsbestände der 13 Artikel, bei denen die mittlere Fehlmenge von 0 verschieden ist.

Pos.	Art.Nr.	LBG [%]	mittlere Fehlmenge [Stück]	obere Konfidenzspanne [Stück]	Sicherheitsbestand [Stück]
(1)	054	95,00	28	46	74
(2)	065	95,00	53	48	101
(3)	134	95,00	2	8	10
(4)	196	95,00	13	34	47
(5)	210	95,00	1	10	11
(6)	252	95,00	1	4	5
(7)	262	95,00	2	45	47
(8)	277	95,00	15	44	59
(9)	280	95,00	30	42	72
(10)	404	95,00	162	119	281
(11)	651	95,00	1	94	95
(12)	663	95,00	84	139	233
(13)	724	95,00	64	71	135

Abb. 5-3:   Zusammensetzung der Sicherheitsbestände für ausgewählte Artikel bei einem Lieferbereitschaftsgrad von 95 %

Die Fehlmengenverteilungen dieser 13 Artikel, bei deren Lieferung es in mehr als 50 % aller Fälle zu Fehlmengen kommt, wurden einer näheren Analyse bzgl. der Ursachen dieses Fehlmengenanteils unterzogen.

Inwieweit die in dem Unternehmen A entstandenen Fehlmengen tendenziell eher durch Liefertermin- oder Mengenabweichungen hervorgerufen wurden, kann der in Abbildung 5-4 wiedergegebenen Aufführung der mittleren Fehlmengen und ihrer Aufteilung auf die beiden Fehlmengenanteile entnommen werden.

Pos.	Art.Nr.	Liefertermin- abweichung [Stück]	Mengen- abweichung [Stück]	Mittlere Fehlmenge [Stück]
(1)	054	16	12	28
(2)	065	53	0	53
(3)	134	1	1	2
(4)	196	0	13	13
(5)	210	0	1	1
(6)	252	1	0	1
(7)	262	1	1	2
(8)	277	15	0	15
(9)	280	11	19	30
(10)	404	95	67	162
(11)	651	0	1	1
(12)	663	57	27	84
(13)	724	21	43	64

Abb. 5-4:   Mittlere Fehlmenge von Liefertermin- und Mengenabweichung

Die aufgeführten Kennwerte bieten dem Disponenten eine wichtige Entscheidungsgrundlage. Sie geben Aufschluß über die bei den unterschiedlichen Lieferanten zustandekommenden Fehlmengen, erlauben Rückschlüsse auf dessen momentane und zu erwartende Lieferfähigkeit und weisen auf die alternativen Maßnahmen zur Vermeidung der Fehlmengen hin.

So traten beispielsweise bei dem Teil 054 in ungefähr gleichem Maße mittlere Fehlmengen aufgrund von Lieferterminabweichungen und Mengenabweichungen auf.

Bei Teil 065 wurden die Fehlmengen dominant durch Lieferverzögerungen verursacht und bei Teil 196 im Gegensatz zu 065 dominant durch Liefermengenabweichungen.

Aus diesen Daten ist schon ein gewisses Lieferverhalten des Lieferanten abzuleiten. Während der Lieferant von Teil 065 anscheinend größeren Wert auf die Lieferung der geforderten Soll-Liefermenge legt, hat für den Lieferanten von Teil 196 die Einhaltung des geforderten Soll-Liefertermins höhere Priorität. Hieraus lassen sich entsprechende Maßnahmen zur Reduzierung des Sicherheitsbestandes ableiten. So würde z.B. bei dem Teil 065 eine Vorziehung des Liefertermins zu einer Verminderung des Sicherheitsbetandes bis zu 52 % führen. Bei dem Teil 196 würde eine Erhöhung der Soll-Liefermenge zu einer Reduzierung des Sicherheitsbestandes bis zu 73 % führen. Bei Teil 054 wäre sowohl eine Vorziehung des Soll-Liefertermins als auch eine Erhöhung der Soll-Liefermenge zur Reduzierung des Sicherheitsbestandes möglich.

Aus Gründen der einfacheren Handhabung sowie unter Berücksichtigung des Wertes der einzelnen Teile entschied das Unternehmen A, lediglich eine Vorziehung des Soll-Liefertermins um eine Vorlaufzeit Δt vor den geplanten Soll-Liefertermin durchzuführen. Hierzu wurden für jedes Teil der Median der Verteilung der Lieferterminabweichungen gebildet. Von einer Erhöhung der Soll-Liefermenge um eine Zusatzmenge wurde wegen des damit verbundenen Aufwandes für die dynamische Ermittlung dieses Wertes abgesehen.

Abbildung 5-5 zeigt einen Ausschnitt der Übersicht über die ermittelten erforderlichen Sicherheitsbestände für die 100 repräsentativen Teile von Unternehmen A. Eine Überprüfung der Sicherheitsbestände mit den Daten für den Monat Januar 1990 ergab, daß nur bei 5 C-Artikeln Fehlmengen auftraten, die größer als der vorgehaltene Sicherheitsbestand war. Eine Gegenüberstellung der mit DISKOVER II berechneten Sicherheitsbestände mit den aufgrund der Vorziehung des Liefertermins derzeit tatsächlich im Unternehmen ständig befindlichen Beständen ergab eine Einsparung von in Summe ca. 65 %.

Pos.	Art.Nr.	LBG [%]	Vorlaufzeit [Tage]	Zusatzmenge [Stück]	Sicherheitsbestand [Stück]
(1)	002	95,00	0,0	0	38
(2)	034	95,00	0,0	0	14
(3)	036	95,00	0,0	0	0
(4)	042	95,00	0,0	0	0
(5)	054	95,00	0,5	12	46
(6)	057	95,00	0,0	0	135
(7)	064	95,00	0,0	0	21
(8)	065	95,00	1,75	0	48
(9)	070	95,00	0,0	0	0
(10)	073	95,00	0,0	0	0
(11)	119	95,00	0,0	0	113
(12)	133	95,00	0,0	0	6
(13)	134	95,00	0,0	2	48
(14)	135	95,00	0,0	0	0
(15)	139	95,00	0,0	0	0
(16)	144	95,00	0,0	0	0
(17)	143	95,00	0,0	0	0
(18)	193	95,00	0,0	0	122
(19)	196	95,00	0,0	13	34
(20)	197	95,00	0,0	0	33
(21)	201	95,00	0,0	0	0
(22)	210	95,00	0,0	1	10
(23)	213	95,00	0,0	0	24
(24)	235	95,00	0,0	0	33
(25)	241	95,00	0,0	0	0
(26)	252	95,00	0,0	1	4
(27)	262	95,00	0,0	2	45
(28)	263	95,00	0,0	0	0
(29)	276	95,00	0,0	0	0
(30)	277	95,00	0,75	0	44
(31)	280	95,00	1,0	19	42
(32)	305	95,00	0,0	0	139
(33)	306	95,00	0,0	0	0
.	.	.	.	.	.
.	.	.	.	.	.
.	.	.	.	.	.
.	.	.	.	.	.
(87)	724	95,00	1,75	43	71
(88)	741	95,00	0,0	0	0
(89)	743	95,00	0,0	0	161
(90)	786	95,00	0,0	0	143
(91)	792	95,00	0,0	0	0
(92)	802	95,00	0,0	0	57
(93)	843	95,00	0,0	0	40
(94)	852	95,00	0,0	0	0
(95)	873	95,00	0,0	0	11
(96)	874	95,00	0,0	0	139
(97)	884	95,00	0,0	0	0
(98)	900	95,00	0,0	0	0
(99)	901	95,00	0,0	0	129
(100)	915	95,00	0,0	0	59

<u>Abb. 5-5:</u>   Ausschnitt der Übersicht über die Kennwerte der Teile von Unternehmen A

5.2.2   Ergebnisse für Unternehmen B

Insgesamt wurden 150 Artikel von Unternehmen B als repräsentativ für das bestehende Artikelspektrum untersucht.

Vor einer Bestimmung erforderlicher Sicherheitsbestände wurden die Lagerabgangswerte der Artikel zunächst auf mögliche Trends, saisonale Schwankungen und außergewöhnliche Abgangsschwankungen (z.B. aufgrund von Verkaufsaktionen) hin untersucht. Diese Untersuchung ist deshalb für die Ermittlung von Sicherheitsbeständen von besonderer Bedeutung, da sich die hieraus ableitbaren Abweichungen, sofern sie nicht als erklärbare Abweichungen eliminiert werden können, vor allem in einer Erhöhung des Sicherheitsbestandes niederschlagen. Die Abbildungen 5-6, 5-7 und 5-8 zeigen einige Artikel mit solchen erklärbaren und daher vor der Bestimmung von Sicherheitsbeständen zu eliminierenden Abweichungen. Es zeigten sich bei 23 Artikeln positive wie auch negative Trends, bei 41 Artikeln waren zudem saisonale Schwankungen festzustellen.

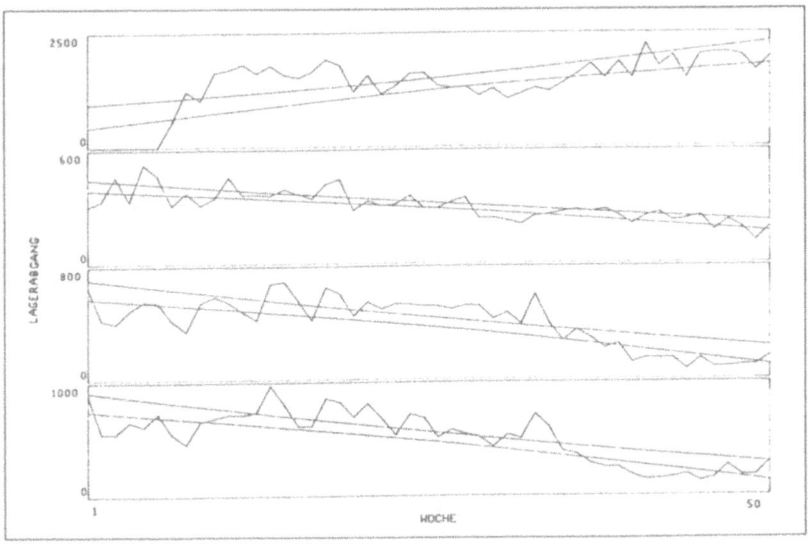

Abb. 5-6:   Artikel mit einer Trendentwicklung des Lagerabgangs

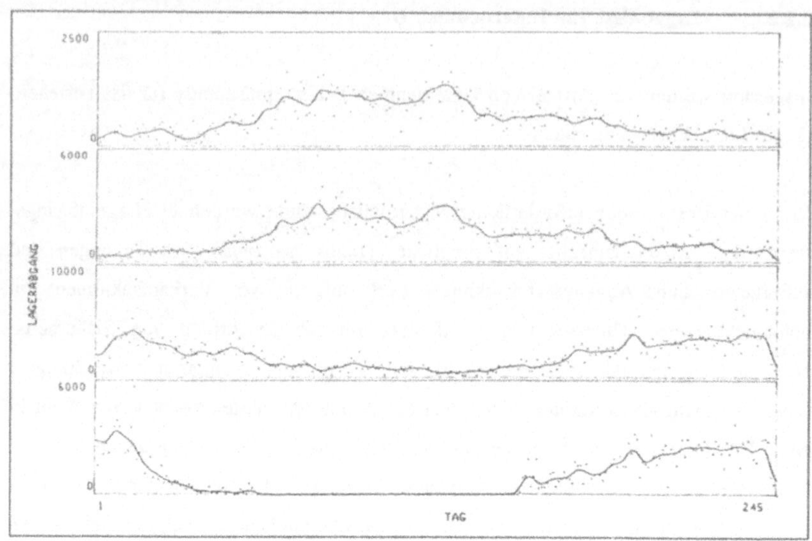

Abb. 5-7:   Artikel mit saisonalen Schwankungen des Lagerabgangs

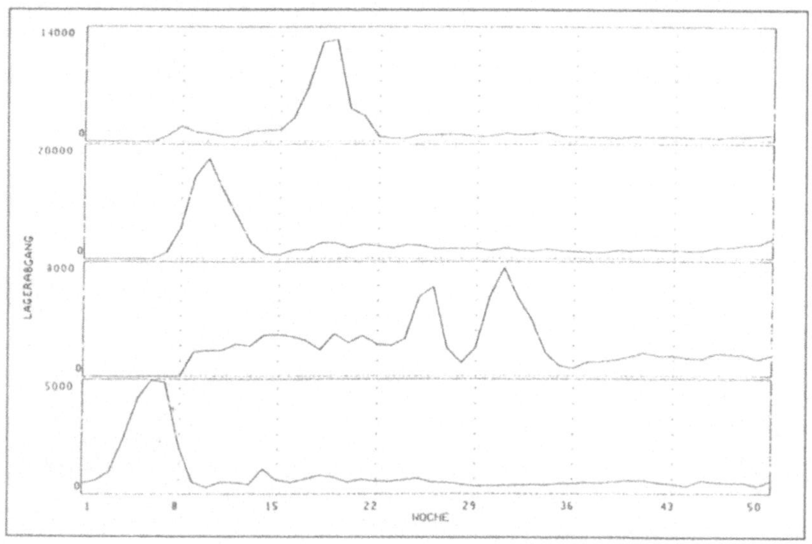

Abb. 5-8:   Artikel mit außergewöhnlichen Lagerabgangsschwankungen

Auf der Basis der um oben genannte Abweichungen bereinigten Lagerabgangsdaten sowie unter Berücksichtigung der Liefertermine und -mengen je Artikel wurde dann der Lagerbestandsverlauf je Artikel ermittelt. Abbildung 5-9 zeigt exemplarisch den Bestandsverlauf des Artikels 38050. Zusätzlich sind in die Abbildung die Lagerzugangs- und -abgangskurve eingetragen.

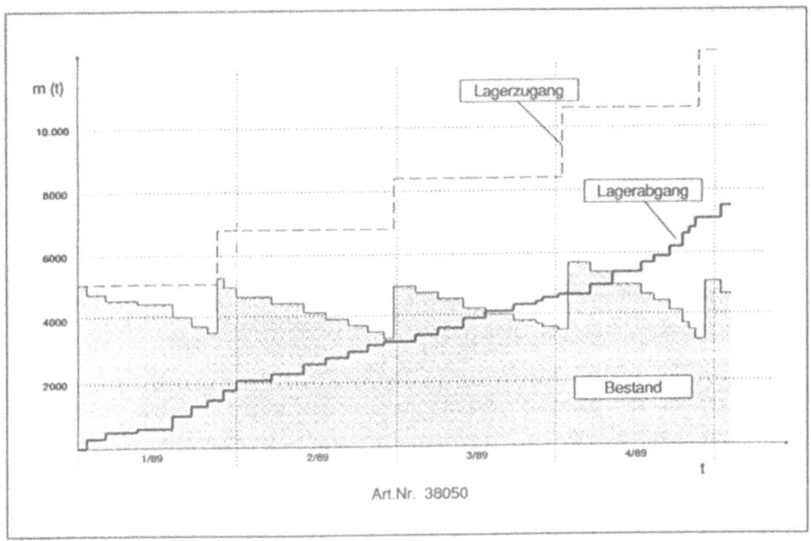

Abb. 5-9:   Bestandsverlauf und Lagerzugangs- und -abgangskurve des Artikels 38050

Das Diagramm deutet bereits an, daß bei der im Unternehmen eingesetzten manuellen Disposition erhebliche "Bestandsreserven" vorgehalten wurden. Ziel der Untersuchung mußte es daher sein, den im Unternehmen B bereits vorgehaltenen Sicherheitsbestand je Artikel unter Berücksichtigung des geforderten Lieferbereitschaftsgrades auf das erforderliche Maß zu vermindern.

Dies konnte mit DISKOVER II in folgender Form erfolgen:

Bei dem in Abbildung 5-9 dargestellten Bestandsverlauf würde DISKOVER II aufgrund der bereits vorgehaltenen Bestände zunächst keine Fehlmengen feststellen und daher den Sicherheitsbestand Null berechnen. Um nun eine Situation zu erzeugen, bei der auch Fehlmengen berechnet werden können, wurde der Bestandsverlauf um den Durchschnittsbestand reduziert. Der Durchschnittsbestand ergibt sich nach HACKSTEIN (1988, S. 128) als arithmetisches Mittel der Lagerbestände in einem Zeitintervall.

Für diesen reduzierten Bestandsverlauf wurden dann mit Hilfe von DISKOVER II die Fehlmengen sowie unter Berücksichtigung des vorgegebenen Lieferbereitschaftsgrades der nunmehr erforderliche Sicherheitsbestand ermittelt.

Die in diesem Zusammenhang mit Hilfe des CHI^2-Anpassungstests durchgeführte Prüfung einer möglichen Zuordnung der Fehlmengenverteilungen der Artikel zu einem theoretischen Verteilungstyp ergab, daß bei 73 % der empirischen Fehlmengenverteilungen eine solche Zuordnung nicht möglich war. Lediglich 27 % konnten als annähernd normal-, exponential- oder lognormalverteilt identifiziert werden.

Da der Sicherheitsbestand erst durch die Reduzierung des tatsächlichen Bestandsverlaufes um den Durchschnittsbestand erforderlich wurde, wird er im folgenden als "hypothetischer Sicherheitsbestand SB^*" bezeichnet. Er ist von einem tatsächlichen, z.B. auf der Basis einer kostenoptimalen Bestellpolitik ermittelten Sicherheitsbestand zu unterscheiden, da im vorliegenden Fall die Bestellpolitik und die damit verbundenen tatsächlichen Fehlmengen nicht bekannt waren.

Der hypothetische Sicherheitsbestand kann aber auch ohne Kenntnis der Bestellpolitik zur Bestimmung der im vorliegenden Fall gesuchten möglichen Bestandsreduzierungen der Artikel genutzt werden, ohne dabei den geforderten Lieferbereitschaftsgrad zu gefährden.

Hierzu ist die Differenz zwischen Durchschnittsbestand und hypothetischem Sicherheitsbestand zu bilden. Der dann verbleibende Bestandsanteil ist bei dem geforderten Lieferbereitschaftsgrad überflüssig und kann somit abgebaut werden. Dieser Sachverhalt ist in Abbildung 5-10 dargestellt.

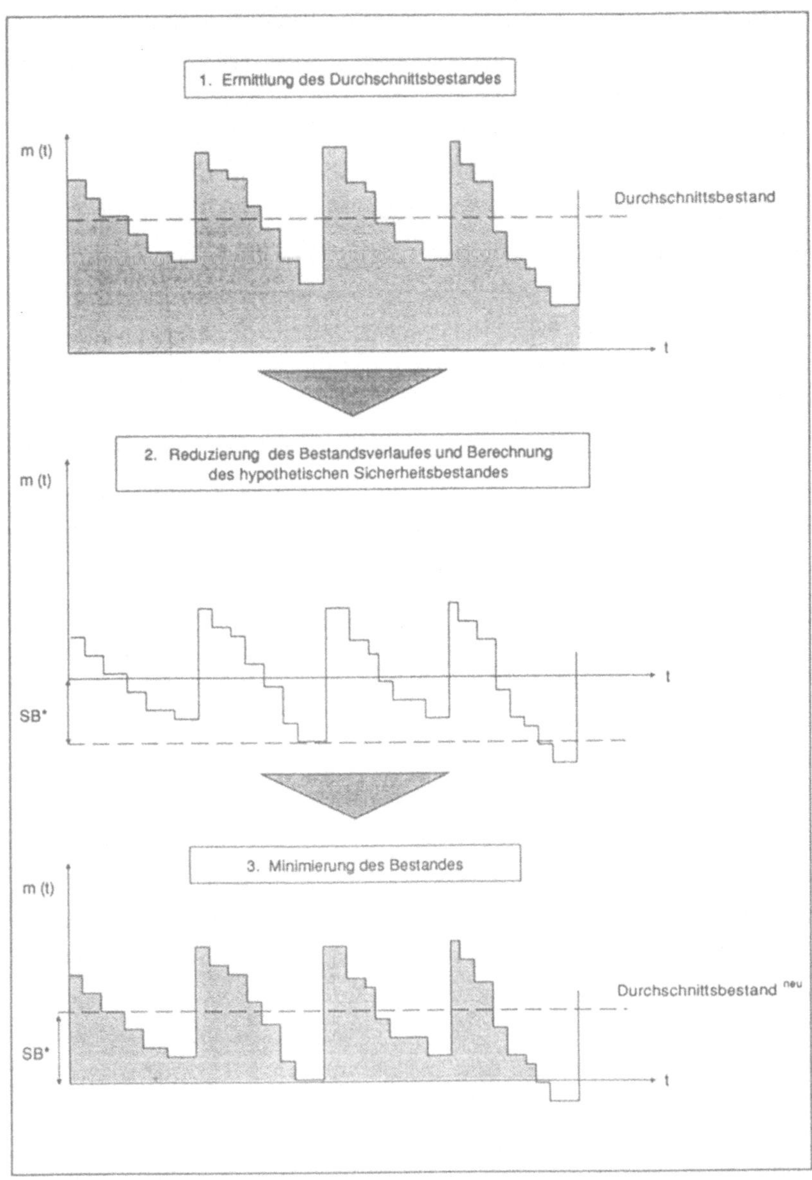

Abb. 5-10: Vorgehensweise zur Bestimmung der erforderlichen Bestände für Unternehmen B

In Abbildung 5-11 sind die mit dem vorliegenden Verfahren ermittelten Kennwerte und möglichen Bestandsreduzierungen dargestellt. Dabei ergaben sich (theoretische) Bestandsreduzierungen von bis zu 90 % der gelagerten Stückzahl. Dies führte im Unternehmen zu der Entscheidung, zunächst von einer Erweiterung der bestehenden Lagerkapazität abzusehen. Da aber davon auszugehen ist, daß eine einmalige Bestandsreduzierung bei der heute manuell betriebenen Disposition mittelfristig von den Disponenten schleichend wieder rückgängig gemacht werden könnte, wurde entschieden, zunächst eine geeignete (kostenoptimale) Bestellpolitik sowie darauf aufbauend dann den tatsächlich zur Einhaltung der vorgegebenen Lieferbereitschaft erforderlichen Sicherheitsbestand zu ermitteln.

Die beschriebenen Einsatzbeispiele dokumentieren die praktische Anwendbarkeit von DISKOVER II zur Bestimmung des Sicherheitsbestandes unter Berücksichtigung der tatsächlichen Lagerabgangs- und Beschaffungsschwankungen. Die dabei erzielten Einsparungen lassen darüber hinaus erkennen, in welchem Maße sich dem Anwender dieses Verfahrens Rationalisierungspotentiale eröffnen.

Abschließend sei erwähnt, daß DISKOVER II nur als ein Werkzeug des Disponenten zu verstehen ist. Eine wesentliche Voraussetzung bei der Anwendung dieses, wie aller Verfahren, die auf Vergangenheitsdaten aufbauen, ist die Annahme, daß die gefundene Gesetzmäßigkeit auch für die Zukunft Gültigkeit besitzt. Ist dies nicht der Fall, d.h. also, ändert sich z.B. das Lagerabgangsverhalten bzw. das Lieferverhalten, so kann auch dieses Verfahren zu völlig falschen Ergebnissen führen. Die Erfahrung des Disponenten, die eine Vielzahl von dispositionsrelevanten Faktoren berücksichtigen kann, die in einem Modell nicht abbildbar sind, ist daher durch dieses Verfahren nicht zu ersetzen.

Pos.	Art.Nr.	LBG [%]	Durchschnitts-bestand [Stück]	hypotetischer Sicherheits-bestand [Stück]	theoretische Bestands-Reduzierung [Stück]
(1)	00004	95,00	4368	674	3694
(2)	01343	95,00	4249	824	3425
(3)	01390	95,00	2496	347	2149
(4)	19882	95,00	3162	514	2648
(5)	30457	95,00	883	916	-33
(6)	35197	95,00	5510	826	4684
(7)	38050	95,00	4188	850	3338
(8)	38764	95,00	5937	670	5267
(9)	39085	95,00	3550	553	2997
(10)	39671	95,00	11	22	-11
(11)	39683	95,00	3718	184	3534
(12)	40176	95,00	2968	335	2633
(13)	41533	95,00	2989	345	2644
(14)	42123	95,00	4627	540	4087
(15)	42139	95,00	5581	754	4827
(16)	42380	95,00	893	584	309
(17)	43005	95,00	2139	195	1944
(18)	43006	95,00	2139	195	1944
(19)	43015	95,00	1981	133	1848
(20)	43017	95,00	2575	505	2070
(21)	44071	95,00	2215	285	1930
(22)	44077	95,00	2568	490	2078
(23)	44084	95,00	192	384	-192
(24)	44215	95,00	5881	603	5278
(25)	44234	95,00	2568	490	2078
(26)	44299	95,00	2568	490	2078
(27)	44307	95,00	2215	285	1930
.	.	.	.	.	.
.	.	.	.	.	.
.	.	.	.	.	.
.	.	.	.	.	.
.	.	.	.	.	.
(139)	45297	95,00	2139	162	1977
(140)	45298	95,00	528	468	60
(141)	45299	95,00	570	318	252
(142)	45300	95,00	528	468	60
(143)	46067	95,00	2575	505	2070
(144)	46083	95,00	2019	312	1707
(145)	46189	95,00	2568	490	2078
(146)	46209	95,00	2568	490	2078
(147)	46232	95,00	1923	465	1458
(148)	46284	95,00	2568	490	2078
(149)	46329	95,00	4454	665	3789
(150)	46526	95,00	640	155	485

Abb. 5-11: Ausschnitt der Übersicht über die Kennwerte und Bestandsreduzierungen für einige Artikel von Unternehmen B

6.   Zusammenfassung und Ausblick

Die Erfahrung der Disponenten reicht bei umfang- und variantenreichen Produktspektren alleine nicht mehr aus, um alle relevanten Faktoren bei der Bestandsplanung richtig zu beurteilen. Die Konsequenz sind hohe Sicherheitsbestände, um die Kundenforderungen nach hoher Lieferbereitschaft und kurzen Lieferzeiten erfüllen zu können.

Herkömmliche Methoden zur Bestimmung der erforderlichen Sicherheitsbestände werden den Anforderungen der Praxis in vielerlei Hinsicht nicht mehr gerecht. Ziel dieser Arbeit war es daher, ein Verfahren zu entwickeln und vorzustellen, daß eine praxisorientierte Bestimmung von Sicherheitsbeständen unter Berücksichtigung der tatsächlichen Lagerabgangs- und Wiederbeschaffungsschwankungen erlaubt.

Nach einer Bestimmung und Abgrenzung der zu betrachtenden Größen wurden die in der Literatur beschriebenen Methoden zur Bestimmung eines Sicherheitsbestandes diskutiert.

Dabei wurde festgestellt, daß die Methoden häufig Voraussetzungen treffen, die in der Praxis nur sehr eingeschränkt gelten. Darüber hinaus sind viele Methoden aufgrund ihrer Komplexität für den Einsatz in der Praxis nicht geeignet. Daraus resultierend wurden die Anforderungen an ein praxisorientiertes Verfahren zur Bestimmung von Sicherheitsbeständen formuliert.

Die Entwicklung des Verfahrens erfolgte in zwei Schritten:

Zunächst wurde die aus den Lagerabgangs- und Wiederbeschaffungsschwankungen resultierende Gesamtfehlmenge je Lieferung ermittelt.

Anschließend daran wurde unter Berücksichtigung des vorgegebenen Lieferbereitschaftsgrades der erforderliche Sicherheitsbestand eines Artikels bestimmt.

Im Anschluß an die Entwicklung des Verfahrens wurden organisatorische Maßnahmen vorgestellt, durch die sich der Sicherheitsbestand noch weiter vermindern läßt.

Abschließend wurde das unter dem Namen DISKOVER II (**DIS**position mit Hilfe von **KO**nfidenzbereichen unter Berücksichtigung der tatsächlichen **VER**teilungen von Lagerabgang und Wiederbeschaffung) als EDV-Programm realisierte Verfahren in zwei Unternehmen auf insgesamt 250 Artikel exemplarisch angewendet. Die Ergebnisse machen deutlich, daß das Verfahren in Verbindung mit unterschiedlichen Dispositionsmethoden eingesetzt werden kann und dabei erhebliche Einsparungspotentiale erzielbar sind. Es wurde an dieser Stelle jedoch auch darauf hingewiesen, daß das vorgestellte Verfahren nur als Werkzeug eines Disponenten zu verstehen ist. Auf die Erfahrung des Disponenten bei der Interpretation der Ergebnisse kann nicht verzichtet werden.

Eine wichtige Erkenntnis bei der Diskussion mit Disponenten war, daß die Planungsunsicherheiten bei umfang- und variantenreichen Erzeugnisspektren in Abhängigkeit von den betrachteten Erzeugnisstufen sehr unterschiedlich hoch sein können. Daher stellt sich die Frage, ob die Höhe der vorzuhaltenden Sicherheitsbestände durch die Wahl der zu lagernden Erzeugnisstufe gezielt beeinflußt werden kann. Darüber hinaus ist noch offen, welche Auswirkungen eine mehrstufige Lagerhaltung auf den Sicherheitsbestand hat und wie die Sicherheitsbestände auf die einzelnen Lagerstufen zu verteilen sind. Hierin sind interessante Erweiterungsmöglichkeiten des vorgestellten Verfahrens zu sehen.

7. Literaturverzeichnis

ASSFALG, H.: Lagerhaltungsmodelle für mehrere Produkte.
Meisenheim am Glan 1976.

BAMBERG/BAUR: Statistik.
6. Auflage, München u.a. 1989.

BICHLER, K.; Optimale Bestandsplanung im Handel.
LÖRSCH, W.: Stuttgart u.a. 1985.

BOSCH, K.: Elementare Einführung in die angewandte Statistik.
4. Auflage, Braunschweig 1987.

BROWN, R. G.: Statistical forecasting for inventory control.
New York u.a. 1959.

BROWNLEE, K. A.: Statistical theory an methodology in science and engineering.
New York u.a. 1960.

BRUNNBERG, J.: Optimale Lagerhaltung bei ungenauen Daten.
Wiesbaden 1970.

BUCHAN, J.; Scientific inventory management.
KOENIGSBERG, E.: Englewood Cliffs 1963.

BÜNING, H.; Nichtparametrische statistische Methoden.
TRENKLER, G.: 1. Auflage, Berlin u.a. 1978.

DGQ (Hrsg.): Stichprobenprüfung anhand qualitativer Merkmale.
Verfahren und Tabellen nach DIN 40080. 9. Auflage, Berlin 1986.

DOCUMENTA GEIGY: Wissenschaftliche Tabellen.
7. Auflage, Basel 1968.

EDGEWORTH, F. Y.: The mathematical theory of banking.
In: Journal of the Royal Statistical Society, London 1888, S. 113 - 127.

EISENHART, C.: Some inventory problems, National Bureau of Standards, Techniques of Statistical inference, A2 (1948) 2c lecture 1. Zitiert bei ARROW, K. J.; KARLINS, S.; SCARF, H.: Studies in the mathematical theory of inventory and production. Stanford 1958.

EVERSHEIM, W.;
KÖNIG, W.;
WECK, M.;
PFEIFER, T.: Produktionstechnik auf dem Weg zu integrierten Systemen.
Düsseldorf 1987.

EVERSHEIM, W.;
BARG, A.;
LINNHOFF, M.;
STOLZ, N.: Materialbewirtschaftung in der Montage.
Bestände senken und Durchlaufzeiten reduzieren in der Einzel- und Kleinserienproduktion komplexer Produkte.
In: Logistik im Unternehmen, Düsseldorf 4(1990)7/8, S. 42 - 45.

FABRYCKY, W. J.;
TORGERSEN, P. E.: Operations economy.
Englewood Cliffs 1966.

HACKSTEIN, R.: Einführung in die technische Ablauforganisation.
2. überarbeitete Auflage. München u.a. 1988.
(Forschungsinstitut für Rationalisierung - FIR - Aachen).

HADLEY, G.;
WHITIN, T. M.:   Analysis of inventory systems.
                                  Englewood Cliffs 1963.

HAHN, G. J.;
SHAPIRO, S. S.:   Statistical Models in Engineering.
                                  New York 1967.

HARTING, D.:   Bestände senken ist nicht nur mit Kanban möglich.
                                  Beschaffung Aktuell, Leifelden-Echterdingen 9(1987),
                                  S. 35 - 38.

HARTUNG, J.;   Statistik.
ELPELT, B.;   Lehr- und Handbuch der angewandten Statistik.
KLÖSENER, K.-H.:   2. Auflage, München u.a. 1988.

HEINOLD, J.;   Ingenieur-Statistik.
GAEDE, K.-W.:   Oldenbourg u.a. 1972.

HOCHSTÄDTER, D.:   Stochastische Lagerhaltungsmodelle.
                                  Berlin u.a. 1969.

HOLT, C. C.;   Planning production, inventories, and work force.
MODIGLIANI, F.;   Englewood Cliffs 1960.
MUTH, J. F.;
SIMON, H. A.:

HOLZBERG, B.:   Das Lagerverhalten industrieller Unternehmen.
                                  Bonn 1980.

HUHNDORF, R.-J.: Entwicklung eines Verfahrens zur Ermittlung von Grund- und Sicherheitsbeständen unter Berücksichtigung der realen Lagerabgangsverteilung mit Hilfe von Konfidenzbereichen.
Dissertationsmanuskript RWTH Aachen 1991. (Forschungsinstitut für Rationalisierung - FIR - Aachen).

HUNZIKER, A.: Dynamische Planung der Sicherheitsbestände in Fabrikationsanlagen.
In: Industrielle Organisation, Zürich 33(1964) 4, S. 162 - 169.

JANSEN, H. H.: Rationelle Lagerhaltung senkt Kosten und setzt Kapital frei.
In: Maschinenmarkt, Würzburg 90(1984)13, S. 249 - 252.

KLEMM, H.;
MIKUT, M.: Lagerhaltungsmodelle.
Berlin 1972.

KOTTKE, E.: Die optimale Beschaffungsmenge.
Wiesbaden 1966.

KRAUS, TH.: Sicherheitsbestand: Wieviel ist nicht zuviel?
In: Management Zeitschrift, Zürich 58(1989)3, S. 78 - 82.

KREYSZIG, E.: Statistische Methoden und ihre Anwendung.
7. Auflage, Göttingen 1982.

LEE, T. S.;
MALSTROM, E. M.;
KARDEMAN, S. B.;
PETERSEN, V. P.:
On the refinement of the variable lead time/constant demand lot-sizing model: the effect of true average inventory level on the traditional solution.
International Journal of Production Research 27(1989)5, S. 883 - 899.

MAC KINNON, W. J.:
Table for both the sign test and distribution - free confidence intervals of the median for sample sizes to 1,000.
In: Journal American Statistic Association, 59 (1964), S. 935 - 956.

MARKIEWICZ, M.:
Ersatzteildisposition im Maschinenbau.
Wiesbaden 1988.

MÜLLER, P. H.:
Lexikon der Statistik.
4. Auflage, Berlin 1983.

PUTTER, J.:
The treatment of ties in some nonparametric tests.
In: Annals of Mathematical Statistics, 26 (1955), S. 368 - 386.

REFA (Hrsg.):
Methodenlehre der Planung und Steuerung. Teil 2: Planung.
München 1985.

RIGGS, T. L.:
Production systems: planning, analysis and control.
New York 1976.

SACHS, L.:
Angewandte Statistik.
6. Auflage, Berlin u.a. 1984.

SCHEEL, J.:   Kosten und Nutzen moderner Produktions- und Lagerhaltungsstrategien.
In: ZwF - Zeitschrift für wirtschaftliche Fertigung, München 82(1987)11, S. 637 - 641.

SCHLESINGER, K.:   Theorie der Geld- und Kreditwirtschaft.
München 1914.

SCHNEEWEIß, CH.:   Modellierung industrieller Lagerhaltungssysteme.
Berlin u.a. 1981.

SCHOLTZ, H.-D.:   Gewinnsteigerung durch Optimierung der Bestandsführung.
In: Betriebswirtschaft (1973)26, S. 1263 - 1265.

SOOM, E.:   Optimale Lagerbewirtschaftung in Industrie, Gewerbe und Handel.
Schriftenreihe: Planung und Kontrolle in der Unternehmung, Bd. 6, Bern u.a. 1976.

SPICHER, K.:   Der SB_1-Algorithmus, eine Methode zur Beschreibung des Zusammenhangs zwischen Ziel-Lieferbereitschaft und Sicherheitsbestand.
In: Zeitschrift für Operations Research, Würzburg 19(1975), S. B1 - B12.

STANGE, K.:   Angewandte Statistik.
Teil 1, Berlin u.a. 1970.

STOER, J.:   Einführung in die Numerische Mathematik I.
Berlin u.a. 1989.

STORM, R.:   Wahrscheinlichkeitsrechnung, mathematische Statistik und statistische Qualitätskontrolle.
Leibzig 1988.

TEMPELMEIER, H.:   Lieferzeit anstatt Fehlmenge als marketing-orientiertes Servicekriterium in der Lagerhaltungsplanung.
In: ZfBF, Düsseldorf 34(1982), S. 335 - 350.

TERSINE, R. J.:   Principles of inventory and materials management.
New York 1982.

WHITIN, T. M.:   The theory of inventory management.
Princeton 1957.

ZÖFEL, P.:   Statistik in der Praxis.
Stuttgart 1985.

ZURMÜHL, R.:   Praktische Mathematik.
Berlin u.a. 1965.

ZWEHL, W. v.:   Kostentheoretische Analyse des Modells der optimalen Bestellmenge.
Wiesbaden 1973.

8. Wichtige Symbole und Sonderzeichen

D_i	zum Zeitpunkt t_i im Lager verfügbare Restmenge
E	Erwartungswert
$f(x)$	Dichtefunktion
$F(x)$	Verteilungsfunktion
K	Schwellenwert
K_o	obere Grenze des Konfidenzbereichs
$[K]$	kleinste ganze Zahl größer als K
KS	obere Konfidenzspanne
LBG	Lieferbereitschaftsgrad
L_i	Lieferung in der Periode i
$m(t)$	Lagerabgang pro Zeiteinheit
m_{ist}	tatsächliche Liefermenge
Δm_{ges}	Gesamtfehlmenge aufgrund von Liefertermin- und Mengenabweichung
Δm_m	Fehlmenge aufgrund einer Mengenabweichung
Δm_t	Fehlmenge aufgrund einer Lieferterminabweichung
M	konstanter Lagerabgang pro Zeiteinheit
n	Anzahl der Lieferungen
$P(x)$	Wahrscheinlichkeitsfunktion
SB	Sicherheitsbestand
SB_R	reduzierter Sicherheitsbestand
SB^*	hypothetischer Sicherheitsbestand
SG	Servicegrad
t_i	Zeitpunkt des Eintreffens der Lieferung L_i
t_{ist}	tatsächlicher Lieferzeitpunkt
t_{soll}	Soll-Lieferzeitpunkt
Δt	Lieferterminabweichung
T	Dauer einer Periode
$x(t)$	Mengenabweichung aufgrund einer Lieferterminabweichung zum Zeitpunkt t
$y(t)$	Mengenabweichung aufgrund einer Mengenabweichung zum Zeitpunkt t
ΔZ_{i+1}	Zusatzmenge für die Lieferung L_{i+1}

α	Ausfall- und Irrtumswahrscheinlichkeit
μ	Erwartungswert der Normalverteilung
$\mu_{1-\alpha}$	$(1-\alpha)$-Quantil der Normalverteilung
σ	Standardabweichung der Normalverteilung

9. Anhang

n	Lieferbereitschaftsgrad (%)								
	60.0	65.0	70.0	75.0	80.0	85.0	90.0	92.5	95.0
1	1	1	1	1	1	1	1	1	1
2	2	2	2	2	2	2	2	2	2
3	3	3	3	3	3	3	3	3	3
4	3	3	4	4	4	4	4	4	4
5	4	4	4	4	4	5	5	5	5
6	4	4	5	5	5	5	6	6	6
7	5	5	5	5	6	6	6	6	7
8	5	6	6	6	6	6	7	7	7
9	6	6	6	7	7	7	7	8	8
10	6	7	7	7	7	8	8	8	9
11	7	7	7	8	8	8	9	9	9
12	7	8	8	8	8	9	9	9	10
13	8	8	8	9	9	9	10	10	10
14	8	9	9	9	10	10	10	11	11
15	9	9	10	10	10	11	11	11	12
16	10	10	10	10	11	11	12	12	12
17	10	10	11	11	11	12	12	12	13
18	11	11	11	11	12	12	13	13	13
19	11	11	12	12	12	13	13	14	14
20	12	12	12	13	13	13	14	14	15
21	12	12	13	13	13	14	14	15	15
22	13	13	13	14	14	14	15	15	16
23	13	13	14	14	15	15	16	16	16
24	14	14	14	15	15	16	16	17	17
25	14	14	15	15	16	16	17	17	18
26	15	15	15	16	16	17	17	18	18
27	15	16	16	16	17	17	18	18	19
28	16	16	16	17	17	18	18	19	19
29	16	17	17	17	18	18	19	19	20
30	17	17	17	18	18	19	20	20	21
31	17	18	18	18	19	19	20	21	21
32	18	18	18	19	19	20	21	21	22
33	18	19	19	19	20	20	21	22	22
34	19	19	20	20	20	21	22	22	23
35	19	20	20	20	21	22	22	23	23
36	20	20	21	21	22	22	23	23	24
37	20	21	21	22	22	23	23	24	25
38	21	21	22	22	23	23	24	24	25
39	21	22	22	23	23	24	25	25	26
40	22	22	23	23	24	24	25	26	26
41	22	23	23	24	24	25	26	26	27
42	23	23	24	24	25	25	26	27	27
43	23	24	24	25	25	26	27	27	28
44	24	24	25	25	26	26	27	28	28
45	24	25	25	26	26	27	28	28	29
46	25	25	26	26	27	28	28	29	30
47	25	26	26	27	27	28	29	29	30
48	26	26	27	27	28	29	29	30	31
49	26	27	27	28	28	29	30	31	31
50	27	27	28	28	29	30	31	31	32
51	27	28	28	29	30	30	31	32	32
52	28	28	29	29	30	31	32	32	33
53	28	29	29	30	31	31	32	33	33
54	29	29	30	30	31	32	33	33	34
55	29	30	30	31	32	32	33	34	35
56	30	30	31	32	32	33	34	34	35
57	30	31	31	32	33	33	34	35	36
58	31	31	32	33	33	34	35	35	36
59	31	32	33	33	34	34	35	36	37
60	32	32	33	34	34	35	36	37	37
61	32	33	34	34	35	36	37	37	38
62	33	34	34	35	35	36	37	38	38
63	34	34	35	35	36	37	38	38	39
64	34	35	35	36	36	37	38	39	40
65	35	35	36	36	37	38	39	39	40
66	35	36	36	37	37	38	39	40	41
67	36	36	37	37	38	39	40	40	41
68	36	37	37	38	38	39	40	41	42
69	37	37	38	38	39	40	41	41	42
70	37	38	38	39	40	40	41	42	43
71	38	38	39	39	40	41	42	43	43
72	38	39	39	40	41	41	42	43	44
73	39	39	40	40	41	42	43	44	45
74	39	40	40	41	42	42	44	44	45
75	40	40	41	41	42	43	44	45	46
76	40	41	41	42	43	44	45	45	46
77	41	41	42	42	43	44	45	46	47
78	41	42	42	43	44	45	46	46	47
79	42	42	43	43	44	45	46	47	48
80	42	43	43	44	45	46	47	47	48

Lieferbereitschaftsgrad (%)

n	95.5	96.0	96.5	97.0	97.5	98.0	98.5	99.0	99.1
1	1	1	1	1	1	1	1	1	1
2	2	2	2	2	2	2	2	2	2
3	3	3	3	3	3	3	3	3	3
4	4	4	4	4	4	4	4	4	4
5	5	5	5	5	5	5	5	5	5
6	6	6	6	6	6	6	6	6	6
7	7	7	7	7	7	7	7	7	7
8	7	7	8	8	8	8	8	8	8
9	8	8	8	8	8	9	9	9	9
10	9	9	9	9	9	9	9	10	10
11	9	9	10	10	10	10	10	10	10
12	10	10	10	10	10	11	11	11	11
13	11	11	11	11	11	11	11	12	12
14	11	11	11	12	12	12	12	12	12
15	12	12	12	12	12	12	13	13	13
16	12	13	13	13	13	13	13	14	14
17	13	13	13	13	14	14	14	14	14
18	14	14	14	14	14	14	15	15	15
19	14	14	14	15	15	15	15	16	16
20	15	15	15	15	15	16	16	16	16
21	15	16	16	16	16	16	16	17	17
22	16	16	16	16	17	17	17	17	18
23	17	17	17	17	17	17	18	18	18
24	17	17	17	18	18	18	18	19	19
25	18	18	18	18	18	19	19	19	19
26	18	18	19	19	19	19	20	20	20
27	19	19	19	19	20	20	20	21	21
28	19	20	20	20	20	20	21	21	21
29	20	20	20	21	21	21	21	22	22
30	21	21	21	21	21	22	22	22	22
31	21	21	22	22	22	22	23	23	23
32	22	22	22	22	23	23	23	24	24
33	22	23	23	23	23	23	24	24	24
34	23	23	23	23	24	24	24	25	25
35	24	24	24	24	24	25	25	25	25
36	24	24	24	25	25	25	26	26	26
37	25	25	25	25	25	26	26	27	27
38	25	25	26	26	26	26	27	27	27
39	26	26	26	26	27	27	27	28	28
40	26	27	27	27	27	27	28	28	28
41	27	27	27	28	28	28	28	29	29
42	27	28	28	28	28	29	29	30	30
43	28	28	28	29	29	29	30	30	30
44	29	29	29	29	30	30	30	31	31
45	29	29	30	30	30	30	31	31	31
46	30	30	30	30	31	31	31	32	32
47	30	31	31	31	31	32	32	32	33
48	31	31	31	32	32	32	33	33	33
49	31	32	32	32	32	33	33	34	34
50	32	32	32	33	33	33	34	34	34
51	33	33	33	33	33	34	34	35	35
52	33	33	34	34	34	34	35	35	36
53	34	34	34	34	35	35	35	36	36
54	34	34	35	35	35	36	36	37	37
55	35	35	35	35	36	36	37	37	37
56	35	36	36	36	36	37	37	38	38
57	36	36	36	37	37	37	38	38	38
58	36	37	37	37	37	38	38	39	39
59	37	37	37	38	38	38	39	39	40
60	38	38	38	38	39	39	39	40	40
61	38	38	39	39	39	40	40	41	41
62	39	39	39	39	40	40	41	41	41
63	39	39	40	40	40	41	41	42	42
64	40	40	40	41	41	41	42	42	42
65	40	41	41	41	41	42	42	43	43
66	41	41	41	42	42	42	43	43	44
67	41	42	42	42	43	43	43	44	44
68	42	42	42	43	43	43	44	45	45
69	43	43	43	43	44	44	45	45	45
70	43	43	44	44	44	45	45	46	46
71	44	44	44	44	45	45	46	46	46
72	44	44	45	45	45	46	46	47	47
73	45	45	45	46	46	46	47	47	48
74	45	46	46	46	46	47	47	48	48
75	46	46	46	47	47	47	48	49	49
76	46	47	47	47	48	48	48	49	49
77	47	47	47	48	48	49	49	50	50
78	47	48	48	48	49	49	50	50	50
79	48	48	49	49	49	50	50	51	51
80	49	49	49	49	50	50	51	51	52

n	Lieferbereitschaftsgrad (%)							
	99.2	99.3	99.4	99.5	99.6	99.7	99.8	99.9
1	1	1	1	1	1	1	1	1
2	2	2	2	2	2	2	2	2
3	3	3	3	3	3	3	3	3
4	4	4	4	4	4	4	4	4
5	5	5	5	5	5	5	5	5
6	6	6	6	6	6	6	6	6
7	7	7	7	7	7	7	7	7
8	8	8	8	8	8	8	8	8
9	9	9	9	9	9	9	9	9
10	10	10	10	10	10	10	10	10
11	10	11	11	11	11	11	11	11
12	11	11	11	11	12	12	12	12
13	12	12	12	12	12	12	13	13
14	13	13	13	13	13	13	13	14
15	13	13	13	13	14	14	14	14
16	14	14	14	14	14	14	15	15
17	14	15	15	15	15	15	15	16
18	15	15	15	15	16	16	16	17
19	16	16	16	16	16	16	17	17
20	16	16	17	17	17	17	17	18
21	17	17	17	17	18	18	18	19
22	18	18	18	18	18	18	19	19
23	18	18	19	19	19	19	19	20
24	19	19	19	19	19	20	20	21
25	20	20	20	20	20	20	21	21
26	20	20	20	21	21	21	21	22
27	21	21	21	21	21	22	22	23
28	21	22	22	22	22	22	23	23
29	22	22	22	22	23	23	23	24
30	23	23	23	23	23	24	24	24
31	23	23	23	24	24	24	25	25
32	24	24	24	24	25	25	25	26
33	24	25	25	25	25	25	26	26
34	25	25	25	26	26	26	26	27
35	26	26	26	26	26	27	27	28
36	26	26	27	27	27	27	28	28
37	27	27	27	27	28	28	28	29
38	27	28	28	28	28	28	29	30
39	28	28	28	29	29	29	29	30
40	29	29	29	29	29	30	30	31
41	29	29	30	30	30	30	31	31
42	30	30	30	30	31	31	31	32
43	30	31	31	31	31	32	32	33
44	31	31	31	32	32	32	33	33
45	32	32	32	32	32	33	33	34
46	32	32	33	33	33	33	34	34
47	33	33	33	33	34	34	34	35
48	33	34	34	34	34	35	35	36
49	34	34	34	35	35	35	36	36
50	35	35	35	35	35	36	36	37
51	35	35	35	36	36	36	37	38
52	36	36	36	36	37	37	37	38
53	36	36	37	37	37	38	38	39
54	37	37	37	37	38	38	39	39
55	37	38	38	38	38	39	39	40
56	38	38	38	39	39	39	40	41
57	39	39	39	39	40	40	40	41
58	39	39	40	40	40	40	41	42
59	40	40	40	40	41	41	42	42
60	40	41	41	41	41	42	42	43
61	41	41	41	42	42	42	43	44
62	41	42	42	42	42	43	43	44
63	42	42	42	43	43	43	44	45
64	43	43	43	43	44	44	45	45
65	43	43	44	44	44	45	45	46
66	44	44	44	44	45	45	46	47
67	44	45	45	45	45	46	46	47
68	45	45	45	46	46	46	47	48
69	46	46	46	46	47	47	47	48
70	46	46	47	47	47	47	48	49
71	47	47	47	47	48	48	49	50
72	47	47	48	48	48	49	49	50
73	48	48	48	49	49	49	50	51
74	48	49	49	49	49	50	50	51
75	49	49	49	50	50	50	51	52
76	50	50	50	50	51	51	52	52
77	50	50	51	51	51	52	52	53
78	51	51	51	51	52	52	53	54
79	51	51	52	52	52	53	53	54
80	52	52	52	53	53	53	54	55

n	Lieferbereitschaftsgrad (%)								
	60.0	65.0	70.0	75.0	80.0	85.0	90.0	92.5	95.0
81	43	43	44	45	45	46	47	48	49
82	43	44	44	45	46	47	48	49	49
83	44	44	45	46	46	47	48	49	50
84	44	45	45	46	47	48	49	50	51
85	45	45	46	47	47	48	49	50	51
86	45	46	46	47	48	49	50	51	52
87	46	46	47	48	48	49	50	51	52
88	46	47	47	48	49	50	51	52	53
89	47	47	48	49	49	50	52	52	53
90	47	48	48	49	50	51	52	53	54
91	48	48	49	50	51	51	53	53	54
92	48	49	50	50	51	52	53	54	55
93	49	49	50	51	52	52	54	54	55
94	49	50	51	51	52	53	54	55	56
95	50	50	51	52	53	54	55	56	57
96	50	51	52	52	53	54	55	56	57
97	51	51	52	53	54	55	56	57	58
98	51	52	53	53	54	55	56	57	58
99	52	52	53	54	55	56	57	58	59
100	52	53	54	54	55	56	57	58	59
101	53	53	54	55	56	57	58	59	60
102	53	54	55	55	56	57	58	59	60
103	54	54	55	56	57	58	59	60	61
104	54	55	56	56	57	58	60	60	61
105	55	55	56	57	58	59	60	61	62
106	55	56	57	57	58	59	61	61	62
107	56	56	57	58	59	60	61	62	63
108	56	57	58	59	59	60	62	62	64
109	57	58	58	59	60	61	62	63	64
110	57	58	59	60	60	61	63	64	65
111	58	59	59	60	61	62	63	64	65
112	58	59	60	61	61	62	64	65	66
113	59	60	60	61	62	63	64	65	66
114	59	60	61	62	62	64	65	66	67
115	60	61	61	62	63	64	65	66	67
116	60	61	62	63	64	65	66	67	68
117	61	62	62	63	64	65	66	67	68
118	61	62	63	64	65	66	67	68	69
119	62	63	63	64	65	66	67	68	69
120	62	63	64	65	66	67	68	69	70
121	63	64	64	65	66	67	69	69	71
122	63	64	65	66	67	68	69	70	71
123	64	65	65	66	67	68	70	70	72
124	64	65	66	67	68	69	70	71	72
125	65	66	66	67	68	69	71	72	73
126	65	66	67	68	69	70	71	72	73
127	66	67	67	68	69	70	72	73	74
128	66	67	68	69	70	71	72	73	74
129	67	68	68	69	70	71	73	74	75
130	67	68	69	70	71	72	73	74	75
131	68	69	69	70	71	72	74	75	76
132	68	69	70	71	72	73	74	75	76
133	69	70	71	71	72	73	75	76	77
134	69	70	71	72	73	74	75	76	78
135	70	71	72	72	73	75	76	77	78
136	70	71	72	73	74	75	76	77	79
137	71	72	73	73	74	76	78	78	79
138	71	72	73	74	75	76	78	78	80
139	72	73	74	74	75	77	78	79	80
140	72	73	74	75	76	77	79	80	81
141	73	74	75	76	76	78	79	80	81
142	74	74	75	76	77	78	80	81	82
143	74	75	76	77	78	79	80	81	82
144	75	75	76	77	78	79	81	82	83
145	75	76	77	78	79	80	81	82	83
146	76	76	77	78	79	80	82	83	84
147	76	77	78	79	80	81	82	83	84
148	77	77	78	79	80	81	83	84	85
149	77	78	79	80	81	82	83	84	86
150	78	78	79	80	81	82	84	85	86
151	78	79	80	81	82	83	84	85	87
152	79	79	80	81	82	83	85	86	87
153	79	80	81	82	83	84	85	86	88
154	80	80	81	82	83	84	86	87	88
155	80	81	82	83	84	85	86	87	89
156	81	81	82	83	84	85	87	88	89
157	81	82	83	84	85	86	88	89	90
158	82	82	83	84	85	87	88	89	90
159	82	83	84	85	86	87	89	90	91
160	83	83	84	85	86	88	89	90	91

n	95.5	96.0	96.5	97.0	97.5	98.0	98.5	99.0	99.1
81	49	49	50	50	50	51	51	52	52
82	50	50	50	51	51	51	52	53	53
83	50	50	51	51	51	52	52	53	53
84	51	51	51	52	52	52	53	54	54
85	51	52	52	52	53	53	54	54	54
86	52	52	52	53	53	54	54	55	55
87	52	53	53	53	54	54	55	55	56
88	53	53	53	54	54	55	55	56	56
89	53	54	54	54	55	55	56	56	57
90	54	54	55	55	55	56	56	57	57
91	55	55	55	55	56	56	57	58	58
92	55	55	56	56	56	57	57	58	58
93	56	56	56	57	57	57	58	59	59
94	56	56	57	57	58	58	59	59	59
95	57	57	57	58	58	59	59	60	60
96	57	58	58	58	59	59	60	60	61
97	58	58	58	59	59	60	60	61	61
98	58	59	59	59	60	60	61	62	62
99	59	59	60	60	60	61	61	62	62
100	59	60	60	60	61	61	62	63	63
101	60	60	61	61	61	62	62	63	63
102	61	61	61	61	62	62	63	64	64
103	61	61	62	62	62	63	64	64	65
104	62	62	62	63	63	63	64	65	65
105	62	62	63	63	64	64	65	65	66
106	63	63	63	64	64	65	65	66	66
107	63	64	64	64	65	65	66	67	67
108	64	64	64	65	65	66	66	67	67
109	64	65	65	65	66	66	67	68	68
110	65	65	66	66	66	67	67	68	68
111	65	66	66	66	67	67	68	69	69
112	66	66	67	67	67	68	68	69	70
113	67	67	67	67	68	68	69	70	70
114	67	67	68	68	68	69	70	70	71
115	68	68	68	69	69	70	70	71	71
116	68	68	69	69	70	70	71	72	72
117	69	69	69	70	70	71	71	72	72
118	69	70	70	70	71	71	72	73	73
119	70	70	70	71	71	72	72	73	73
120	70	71	71	71	72	72	73	74	74
121	71	71	71	72	72	73	73	74	75
122	71	72	72	72	73	73	74	75	75
123	72	72	73	73	73	74	75	75	76
124	72	73	73	73	74	74	75	76	76
125	73	73	74	74	74	75	76	77	77
126	74	74	74	75	75	76	76	77	77
127	74	74	75	75	76	76	77	78	78
128	75	75	75	76	76	77	77	78	78
129	75	75	76	76	77	77	78	79	79
130	76	76	76	77	77	78	78	79	79
131	76	77	77	77	78	78	79	80	80
132	77	77	77	78	78	79	79	80	81
133	77	78	78	78	79	79	80	81	81
134	78	78	78	79	79	80	81	81	82
135	78	79	79	79	80	80	81	82	82
136	79	79	80	80	80	81	82	83	83
137	79	80	80	81	81	82	82	83	83
138	80	80	81	81	82	82	83	84	84
139	80	81	81	82	82	83	83	84	84
140	81	81	82	82	83	83	84	85	85
141	82	82	82	83	83	84	84	85	86
142	82	82	83	83	84	84	85	86	86
143	83	83	83	84	84	85	85	86	87
144	83	84	84	84	85	85	86	87	87
145	84	84	84	85	85	86	87	88	88
146	84	85	85	85	86	86	87	88	88
147	85	85	85	86	86	87	88	89	89
148	85	86	86	86	87	87	88	89	89
149	86	86	87	87	87	88	89	90	90
150	86	87	87	88	88	89	89	90	90
151	87	87	88	88	89	89	90	91	91
152	87	88	88	89	89	90	90	91	92
153	88	88	89	89	90	90	91	92	92
154	89	89	89	90	90	91	91	92	93
155	89	89	90	90	91	91	92	93	93
156	90	90	90	91	91	92	93	94	94
157	90	90	91	91	92	92	93	94	94
158	91	91	91	92	92	93	94	95	95
159	91	92	92	92	93	93	94	95	95
160	92	92	92	93	93	94	95	96	96

n	\multicolumn{8}{c}{Lieferbereitschaftsgrad (%)}
	99.2	99.3	99.4	99.5	99.6	99.7	99.8	99.9
81	52	53	53	53	53	54	54	55
82	53	53	53	54	54	54	55	56
83	53	54	54	54	55	55	56	57
84	54	54	55	55	55	56	56	57
85	55	55	55	55	56	56	57	58
86	55	55	56	56	56	57	57	58
87	56	56	56	57	57	57	58	59
88	56	57	57	57	57	58	58	59
89	57	57	57	58	58	58	59	60
90	57	58	58	58	59	59	60	61
91	58	58	58	59	59	60	60	61
92	59	59	59	59	60	60	61	62
93	59	59	60	60	60	61	61	62
94	60	60	60	60	61	61	62	63
95	60	60	61	61	61	62	63	64
96	61	61	61	62	62	62	63	64
97	61	62	62	62	63	63	64	65
98	62	62	62	63	63	64	64	65
99	62	63	63	63	64	64	65	66
100	63	63	64	64	64	65	65	66
101	64	64	64	64	65	65	66	67
102	64	64	65	65	65	66	67	68
103	65	65	65	66	66	66	67	68
104	65	66	66	66	67	67	68	69
105	66	66	66	67	67	68	68	69
106	66	67	67	67	68	68	69	70
107	67	67	67	68	68	69	69	70
108	68	68	68	68	69	69	70	71
109	68	68	69	69	69	70	71	72
110	69	69	69	70	70	70	71	72
111	69	69	70	70	70	71	72	73
112	70	70	70	71	71	72	72	73
113	70	71	71	71	72	72	73	74
114	71	71	71	72	72	73	73	74
115	71	72	72	72	73	73	74	75
116	72	72	73	73	73	74	74	76
117	73	73	73	73	74	74	75	76
118	73	73	74	74	74	75	76	77
119	74	74	74	75	75	75	76	77
120	74	74	75	75	76	76	77	78
121	75	75	75	76	76	77	77	78
122	75	76	76	76	77	77	78	79
123	76	76	76	77	77	78	78	80
124	76	77	77	77	78	78	79	80
125	77	77	78	78	78	79	80	81
126	78	78	78	78	79	79	80	81
127	78	78	79	79	79	80	81	82
128	79	79	79	80	80	81	81	82
129	79	79	80	80	81	81	82	83
130	80	80	80	81	81	82	82	84
131	80	81	81	81	82	82	83	84
132	81	81	81	82	82	83	84	85
133	81	82	82	82	83	83	84	85
134	82	82	83	83	83	84	85	86
135	82	83	83	83	84	84	85	86
136	83	83	84	84	84	85	86	87
137	84	84	84	85	85	86	86	88
138	84	84	85	85	86	86	87	88
139	85	85	85	86	86	87	87	89
140	85	86	86	86	87	87	88	89
141	86	86	86	87	87	88	89	90
142	86	87	87	87	88	88	89	90
143	87	87	88	88	88	89	90	91
144	87	88	88	88	89	89	90	92
145	88	88	89	89	89	90	91	92
146	89	89	89	90	90	91	91	93
147	89	89	90	90	91	91	92	93
148	90	90	90	91	91	92	93	94
149	90	90	91	91	92	92	93	94
150	91	91	91	92	92	93	94	95
151	91	92	92	92	93	93	94	95
152	92	92	92	93	93	94	95	96
153	92	93	93	93	94	94	95	97
154	93	93	94	94	94	95	96	97
155	93	94	94	95	95	96	96	98
156	94	94	95	95	96	96	97	98
157	95	95	95	96	96	97	98	99
158	95	95	96	96	97	97	98	99
159	96	96	96	97	97	98	99	100
160	96	97	97	97	98	98	99	101

n	Lieferbereitschaftsgrad (%)								
	60.0	65.0	70.0	75.0	80.0	85.0	90.0	92.5	95.0
161	83	84	85	86	87	88	90	91	92
162	84	84	85	86	87	89	90	91	92
163	84	85	86	87	88	89	91	92	93
164	85	85	86	87	88	90	91	92	94
165	85	86	87	88	89	90	92	93	94
166	86	86	87	88	89	91	92	93	95
167	86	87	88	89	90	91	93	94	95
168	87	87	88	89	90	92	93	94	96
169	87	88	89	90	91	92	94	95	96
170	88	89	89	90	91	93	94	95	97
171	88	89	90	91	92	93	95	96	97
172	89	90	90	91	93	94	95	96	98
173	89	90	91	92	93	94	96	97	98
174	90	91	91	92	94	95	96	97	99
175	90	91	92	93	94	95	97	98	99
176	91	92	·92	93	95	96	98	99	100
177	91	92	93	94	95	96	98	99	100
178	92	93	93	94	96	97	99	100	101
179	92	93	94	95	96	97	99	100	102
180	93	94	95	96	97	98	100	101	102
181	93	94	95	96	97	98	100	101	103
182	94	95	96	97	98	99	101	102	103
183	94	95	96	97	98	100	101	102	104
184	95	96	97	98	99	100	102	103	104
185	95	96	97	98	99	101	102	103	105
186	96	97	98	99	100	101	103	104	105
187	96	97	98	99	100	102	103	104	106
188	97	98	99	100	101	102	104	105	106
189	97	98	99	100	101	103	104	105	107
190	98	99	100	101	102	103	105	106	107
191	98	99	100	101	102	104	105	106	108
192	99	100	101	102	103	104	106	107	108
193	99	100	101	102	103	105	106	108	109
194	100	101	102	103	104	105	107	108	109
195	100	101	102	103	104	106	107	109	110
196	101	102	103	104	105	106	108	109	111
197	101	102	103	104	105	107	108	110	111
198	102	103	104	105	106	107	109	110	112
199	102	103	104	105	106	108	110	111	112
200	103	104	105	106	107	108	110	111	113
201	103	104	105	106	107	109	111	112	113
202	104	105	106	107	108	109	111	112	114
203	104	105	106	107	108	110	112	113	114
204	105	106	107	108	109	110	112	113	115
205	105	106	107	108	110	111	113	114	115
206	106	107	108	109	110	111	113	114	116
207	106	107	108	109	111	112	114	115	116
208	107	108	109	110	111	112	114	115	117
209	107	108	109	110	112	113	115	116	117
210	108	109	110	111	112	114	115	116	118
211	108	109	110	111	113	114	116	117	118
212	109	110	111	112	113	115	116	117	119
213	109	110	111	112	114	115	117	118	120
214	110	111	112	113	114	116	117	119	120
215	110	111	112	113	115	116	118	119	121
216	111	112	113	114	115	117	118	120	121
217	111	112	113	114	116	117	119	120	122
218	112	113	114	115	116	118	119	121	122
219	112	113	114	115	117	118	120	121	123
220	113	114	115	116	117	119	121	122	123
221	113	114	115	117	118	119	121	122	124
222	114	115	116	117	118	120	122	123	124
223	114	115	116	118	119	120	122	123	125
224	115	116	117	118	119	121	123	124	125
225	115	116	117	119	120	121	123	124	126
226	116	117	118	119	120	122	124	125	126
227	116	117	118	120	121	122	124	125	127
228	117	118	119	120	121	123	125	126	127
229	117	118	119	121	122	123	125	126	128
230	118	119	120	121	122	124	126	127	128
231	118	119	120	122	123	124	126	127	129
232	119	120	121	122	123	125	127	128	130
233	119	120	121	123	124	125	127	128	130
234	120	121	122	123	124	126	128	129	131
235	120	121	123	124	125	126	128	130	131
236	121	122	123	124	125	127	129	130	132
237	121	122	124	125	126	127	129	131	132
238	122	123	124	125	126	128	130	131	133
239	122	123	125	126	127	129	130	132	133
240	123	124	125	126	128	129	131	132	134

n	Lieferbereitschaftsgrad (%)								
	95.5	96.0	96.5	97.0	97.5	98.0	98.5	99.0	99.1
161	92	93	93	93	94	95	95	96	97
162	93	93	94	94	94	95	96	97	97
163	93	94	94	95	95	96	96	97	98
164	94	94	95	95	96	96	97	98	98
165	94	95	95	96	96	97	97	98	99
166	95	95	96	96	97	97	98	99	99
167	95	96	96	97	97	98	99	100	100
168	96	96	97	97	98	98	99	100	100
169	97	97	97	98	98	99	100	101	101
170	97	97	98	98	99	99	100	101	101
171	98	98	98	99	99	100	101	102	102
172	98	98	99	99	100	100	101	102	103
173	99	99	99	100	100	101	102	103	103
174	99	100	100	100	101	102	102	103	104
175	100	100	100	101	101	102	103	104	104
176	100	101	101	101	102	103	103	104	105
177	101	101	102	102	103	103	104	105	105
178	101	102	102	103	103	104	104	106	106
179	102	102	103	103	104	104	105	106	106
180	102	103	103	104	104	105	106	107	107
181	103	103	104	104	105	105	106	107	107
182	103	104	104	105	105	106	107	108	108
183	104	104	105	105	106	106	107	108	109
184	104	105	105	106	106	107	108	109	109
185	105	105	106	106	107	107	108	109	110
186	106	106	106	107	107	108	109	110	110
187	106	106	107	107	108	109	109	110	111
188	107	107	107	108	108	109	110	111	111
189	107	108	108	108	109	110	110	111	112
190	108	108	108	109	110	110	111	112	112
191	108	109	109	109	110	111	111	113	113
192	109	109	110	110	111	111	112	113	113
193	109	110	110	111	111	112	113	114	114
194	110	110	111	111	112	112	113	114	114
195	110	111	111	112	112	113	114	115	115
196	111	111	112	112	113	113	114	115	116
197	111	112	112	113	113	114	115	116	116
198	112	112	113	113	114	114	115	116	117
199	112	113	113	114	114	115	116	117	117
200	113	113	114	114	115	116	116	117	118
201	114	114	114	115	115	116	117	118	118
202	114	114	115	115	116	117	117	119	119
203	115	115	115	116	116	117	118	119	119
204	115	116	116	116	117	118	118	120	120
205	116	116	116	117	118	118	119	120	120
206	116	117	117	117	118	119	120	121	121
207	117	117	118	118	119	119	120	121	122
208	117	118	118	119	119	120	121	122	122
209	118	118	119	119	120	120	121	122	123
210	118	119	119	120	120	121	122	123	123
211	119	119	120	120	121	121	122	123	124
212	119	120	120	121	121	122	123	124	124
213	120	120	121	121	122	122	123	124	125
214	120	121	121	122	122	123	124	125	125
215	121	121	122	122	123	124	124	126	126
216	121	122	122	123	123	124	125	126	126
217	122	122	123	123	124	125	125	127	127
218	123	123	123	124	124	125	126	127	127
219	123	123	124	124	125	126	127	128	128
220	124	124	124	125	126	126	127	128	129
221	124	125	125	125	126	127	128	129	129
222	125	125	125	126	127	127	128	129	130
223	125	126	126	127	127	128	129	130	130
224	126	126	127	127	128	128	129	130	131
225	126	127	127	128	128	129	130	131	131
226	127	127	128	128	129	129	130	131	132
227	127	128	128	129	129	130	131	132	132
228	128	128	129	129	130	131	131	133	133
229	128	129	129	130	130	131	132	133	133
230	129	129	130	130	131	132	132	134	134
231	129	130	130	131	131	132	133	134	134
232	130	130	131	131	132	133	134	135	135
233	130	131	131	132	132	133	134	135	136
234	131	131	132	132	133	134	135	136	136
235	131	132	132	133	134	134	135	136	137
236	132	132	133	133	134	135	136	137	137
237	133	133	133	134	135	135	136	137	138
238	133	134	134	135	135	136	137	138	138
239	134	134	135	135	136	136	137	138	139
240	134	135	135	136	136	137	138	139	139

n	Lieferbereitschaftsgrad (%)							
	99.2	99.3	99.4	99.5	99.6	99.7	99.8	99.9
161	97	97	97	98	98	99	100	101
162	97	98	98	98	99	99	100	102
163	98	98	99	99	99	100	101	102
164	98	99	99	99	100	101	101	103
165	99	99	100	100	101	101	102	103
166	100	100	100	101	101	102	103	104
167	100	100	101	101	102	102	103	104
168	101	101	101	102	102	103	104	105
169	101	101	102	102	103	103	104	106
170	102	102	102	103	103	104	105	106
171	102	103	103	103	104	104	105	107
172	103	103	103	104	104	105	106	107
173	103	104	104	104	105	106	106	108
174	104	104	105	105	105	106	107	108
175	104	105	105	106	106	107	108	109
176	105	105*	106	106	107	107	108	109
177	106	106	106	107	107	108	109	110
178	106	106	107	107	108	108	109	111
179	107	107	107	108	108	109	110	111
180	107	107	108	108	109	109	110	112
181	108	108	108	109	109	110	111	112
182	108	109	109	109	110	111	111	113
183	109	109	109	110	110	111	112	113
184	109	110	110	110	111	112	113	114
185	110	110	111	111	112	112	113	115
186	110	111	111	112	112	113	114	115
187	111	111	112	112	113	113	114	116
188	112	112	112	113	113	114	115	116
189	112	112	113	113	114	114	115	117
190	113	113	113	114	114	115	116	117
191	113	113	114	114	115	115	116	118
192	114	114	114	115	115	116	117	118
193	114	115	115	115	116	117	117	119
194	115	115	115	116	116	117	118	120
195	115	116	116	116	117	118	119	120
196	116	116	117	117	118	118	119	121
197	116	117	117	118	118	119	120	121
198	117	117	118	118	119	119	120	122
199	117	118	118	119	119	120	121	122
200	118	118	119	119	120	120	121	123
201	119	119	119	120	120	121	122	123
202	119	119	120	120	121	122	122	124
203	120	120	120	121	121	122	123	125
204	120	121	121	121	122	123	124	125
205	121	121	121	122	122	123	124	126
206	121	122	122	122	123	124	125	126
207	122	122	123	123	124	124	125	127
208	122	123	123	124	124	125	126	127
209	123	123	124	124	125	125	126	128
210	123	124	124	125	125	126	127	128
211	124	124	125	125	126	126	127	129
212	125	125	125	126	126	127	128	129
213	125	125	126	126	127	128	129	130
214	126	126	126	127	127	128	129	131
215	126	127	127	127	128	129	130	131
216	127	127	127	128	128	129	130	132
217	127	128	128	128	129	130	131	132
218	128	128	129	129	130	130	131	133
219	128	129	129	130	130	131	132	133
220	129	129	130	130	131	131	132	134
221	129	130	130	131	131	132	133	134
222	130	130	131	131	132	132	133	135
223	130	131	131	132	132	133	134	136
224	131	131	132	132	133	134	135	136
225	132	132	132	133	133	134	135	137
226	132	132	133	133	134	135	136	137
227	133	133	133	134	134	135	136	138
228	133	134	134	134	135	136	137	138
229	134	134	135	135	136	136	137	139
230	134	135	135	136	136	137	138	139
231	135	135	136	136	137	137	138	140
232	135	136	136	137	137	138	139	141
233	136	136	137	137	138	138	139	141
234	136	137	137	138	138	139	140	142
235	137	137	138	138	139	140	141	142
236	138	138	138	139	139	140	141	143
237	138	138	139	139	140	141	142	143
238	139	139	139	140	140	141	142	144
239	139	139	140	140	141	142	143	144
240	140	140	140	141	142	142	143	145

FIR + IAW
Forschung für die Praxis

Berichte aus dem Forschungsinstitut für Rationalisierung (FIR), Aachen, und dem Lehrstuhl und Institut für Arbeitswissenschaft (IAW) der Rheinisch-Westfälischen Technischen Hochschule Aachen.

Herausgeber: Univ.-Prof. Dr.-Ing. R. Hackstein

1 Qualitätszirkel und andere Gruppenaktivitäten
Von F. J. Heeg. ISBN 3-540-15498-1.
1985, 232 Seiten mit 45 Abbildungen und 17 Tabellen   68,- DM

2 Planung und Auslegung von Palettenlagern
Von P. Bauer. ISBN 3-540-15499-X.
1985, 148 Seiten mit 42 Abbildungen und 8 Tabellen   68,- DM

3 Kennzahlen in der Distribution
Von W. Konen. ISBN 3-540-15624-0.
1985, 150 Seiten mit 9 Abbildungen und 7 Tabellen   68,- DM

4 Personalbedarf der Arbeitsplanung
Von P. Bresser. ISBN 3-540-15625-9.
1985, 179 Seiten mit 65 Abbildungen und 6 Tabellen   68,- DM

5 Analyse und Grobprojektierung von Logistik-Informationssystemen
Von O. Gast. ISBN 3-540-15626-7.
1985, 187 Seiten mit 68 Abbildungen und 20 Tabellen   68,- DM

6 Flexibilität in der Fertigung
Von R. Grob. ISBN 3-540-16159-7.
1986, 158 Seiten mit 25 Abbildungen und 20 Tabellen   68,- DM

7 Rechnergestützte Planung von Durchlaufregallagern
Von E.-J. Ribbert. ISBN 3-540-16160-0.
1986, 154 Seiten mit 30 Abbildungen und 7 Tabellen   68,- DM

8 Wirtschaftliche Arbeitsplanung in der Instandhaltung
Von W. Jütting. ISBN 3-540-16701-3.
1986, 145 Seiten mit 40 Abbildungen   68,- DM

9 Planung des Personalbedarfs in indirekten Bereichen
Von K. Hemmers. ISBN 3-540-16702-1.
1986, 149 Seiten mit 73 Abbildungen   68,- DM